21世纪普通高校计算机公共课程规划教材

网页设计与制作
实例教程

袁磊 陈伟卫 主编

清华大学出版社

北京

内 容 简 介

本书以实例为主线,通过实例讲解网页设计与制作的相关知识,鼓励读者在实践中加深对网页设计相关内容的理解与掌握。全书分为4篇,分别为HTML篇、Dreamweaver篇、CSS篇和提高篇。HTML篇介绍HTML标记及网页相关的基础知识,主要包括列表、图片、超链接、表格、表单、框架和多媒体等;Dreamweaver篇介绍Dreamweaver的基本操作、表格布局、模板和库、层与行为等;CSS篇主要讲授CSS语法、Dreamweaver中CSS的应用、盒模型、CSS布局方法和DIV+CSS等;提高篇主要介绍JavaScript、WWW服务器和切片的思想与方法等。

本书适合初级和中级读者,实例选择、实现方法及内容编排等方面融合了作者多年教学与实践经验,能够使读者在较短的时间内完成上述的网页设计与制作内容的学习。

本书内容丰富,循序渐进,深入浅出,不需要任何基础。读者通过学习,既能够掌握网页设计的基础和本质,也能够掌握基于Web标准的高级网页设计方法。本书可以为网页设计师、专业网站开发者、动态网页开发者奠定良好的网页代码基础,便于读者进一步提升自己。本书可作为本科、高职高专的计算机、电子商务、信息管理等专业网页设计与制作相关课程的教材。

图书在版编目(CIP)数据

网页设计与制作实例教程/袁磊,陈伟卫主编.—北京:清华大学出版社,2008.10
(21世纪普通高校计算机公共课程规划教材)
ISBN 978-7-302-18563-5

Ⅰ.网…　Ⅱ.①袁…②陈…　Ⅲ.主页制作-高等学校-教材　Ⅳ.TP393.092

中国版本图书馆CIP数据核字(2008)第142265号

责任编辑:梁　颖　李玮琪
责任校对:白　蕾
责任印制:李红英

出版发行:清华大学出版社　　　　　　　　地　　　址:北京清华大学学研大厦A座
　　　　　http://www.tup.com.cn　　　　　邮　　　编:100084
　　　社　　总　机:010-62770175　　　　邮　　购:010-62786544
　　　投稿与读者服务:010-62776969,c-service@tup.tsinghua.edu.cn
　　　质　量　反　馈:010-62772015,zhiliang@tup.tsinghua.edu.cn
印　刷　者:北京密云胶印厂
装　订　者:北京市密云县京文制本装订厂
经　　销:全国新华书店
开　　本:185×260　印　张:19.75　字　数:474千字
版　　次:2008年10月第1版　　印　次:2008年10月第1次印刷
印　　数:1～4000
定　　价:28.00元

出 版 说 明

随着我国改革开放的进一步深化,高等教育也得到了快速发展,各地高校紧密结合地方经济建设发展需要,科学运用市场调节机制,加大了使用信息科学等现代科学技术提升、改造传统学科专业的投入力度,通过教育改革合理调整和配置了教育资源,优化了传统学科专业,积极为地方经济建设输送人才,为我国经济社会的快速、健康和可持续发展以及高等教育自身的改革发展做出了巨大贡献。但是,高等教育质量还需要进一步提高以适应经济社会发展的需要,不少高校的专业设置和结构不尽合理,教师队伍整体素质亟待提高,人才培养模式、教学内容和方法需要进一步转变,学生的实践能力和创新精神亟待加强。

教育部一直十分重视高等教育质量工作。2007 年 1 月,教育部下发了《关于实施高等学校本科教学质量与教学改革工程的意见》,计划实施"高等学校本科教学质量与教学改革工程(简称'质量工程')",通过专业结构调整、课程教材建设、实践教学改革、教学团队建设等多项内容,进一步深化高等学校教学改革,提高人才培养的能力和水平,更好地满足经济社会发展对高素质人才的需求。在贯彻和落实教育部"质量工程"的过程中,各地高校发挥师资力量强、办学经验丰富、教学资源充裕等优势,对其特色专业及特色课程(群)加以规划、整理和总结,更新教学内容、改革课程体系,建设了一大批内容新、体系新、方法新、手段新的特色课程。在此基础上,经教育部相关教学指导委员会专家的指导和建议,清华大学出版社在多个领域精选各高校的特色课程,分别规划出版系列教材,以配合"质量工程"的实施,满足各高校教学质量和教学改革的需要。

本系列教材立足于计算机公共课程领域,以公共基础课为主、专业基础课为辅,横向满足高校多层次教学的需要。在规划过程中体现了如下一些基本原则和特点。

(1) 面向多层次、多学科专业,强调计算机在各专业中的应用。教材内容坚持基本理论适度,反映各层次对基本理论和原理的需求,同时加强实践和应用环节。

(2) 反映教学需要,促进教学发展。教材要适应多样化的教学需要,正确把握教学内容和课程体系的改革方向,在选择教材内容和编写体系时注意体现素质教育、创新能力与实践能力的培养,为学生知识、能力、素质协调发展创造条件。

(3) 实施精品战略,突出重点,保证质量。规划教材把重点放在公共基础课和专业基础课的教材建设上;特别注意选择并安排一部分原来基础比较好的优秀教材或讲义修订再版,逐步形成精品教材;提倡并鼓励编写体现教学质量和教学改革成果的教材。

(4) 主张一纲多本,合理配套。基础课和专业基础课教材配套,同一门课程有针对不同层次、面向不同专业的多本具有各自内容特点的教材。处理好教材统一性与多样化,基本教材与辅助教材、教学参考书,文字教材与软件教材的关系,实现教材系列资源配套。

（5）依靠专家，择优选用。在制定教材规划时要依靠各课程专家在调查研究本课程教材建设现状的基础上提出规划选题。在落实主编人选时，要引入竞争机制，通过申报、评审确定主题。书稿完成后要认真实行审稿程序，确保出书质量。

繁荣教材出版事业，提高教材质量的关键是教师。建立一支高水平教材编写梯队才能保证教材的编写质量和建设力度，希望有志于教材建设的教师能够加入到我们的编写队伍中来。

21世纪普通高校计算机公共课程规划教材编委会

联系人：梁颖 liangying@tup. tsinghua. edu. cn

前　言

　　传统的网页设计采用表格布局的方法进行设计,学习方法以掌握 Dreamweaver、Flash 等网页三剑客为主。但现实中基于 Web 标准的网页设计方法(DIV+CSS)已经逐渐取代了表格布局的传统方法,现实中大多数中大型网站已经采用了基于 Web 标准的设计方法。这就相应地要求改变传统网页设计的学习内容和方法,新的学习内容对 HTML 和 CSS 提出了更高的要求。

　　本书主要为学习网页设计与制作的初级和中级读者编写,从零开始,一直到现实中比较高级的基于 Web 标准的网页设计方法,包括了网页设计的主要内容。本书不包括美工方面的内容,美工方面的内容可以在读者对网页的基本概念有了理解后进行学习。

　　国内的大多数网页设计与制作课程及教材都没有将 Web 标准纳入课程内容中,但基于 Web 标准的网页设计方法是现实中最广泛采用的设计方法,学习网页设计,如果不介绍这一部分的内容,仍然以传统的 HTML 或 Dreamweaver 表格布局为中心,就会落后于时代。

　　本书完全为初学者设计,不单纯讲授 HTML 代码或工具,在内容中引入基于 Web 标准的网页设计方法,在保证学生掌握网页设计的基本内容的基础上,紧密跟进网页设计的技术发展,并且确保读者能够用一种比较简单的方法完成这部分内容的学习。

　　本书主要有以下特点。

　　(1) 基于现实岗位需求的内容设计。书中引入基于 Web 标准(DIV+CSS)的网页设计方法,并针对基于 Web 标准的网页设计方法的特点,总结给出了相应的学习方法,使读者能够比较容易地掌握这部分内容。

　　(2) 代码与工具相结合的讲授方法。讲授代码(HTML、CSS)保证读者从本质上掌握技术,使用工具(Dreamweaver、EditPlus)降低代码对初学者的难度。

　　(3) 循序渐进的学习过程。书籍内容与实例设计充分考虑读者学习曲线,并结合多年丰富的教学和实践经验,精心设计案例。实例中包含了绝大多数重点、难点,实例设计简单、清晰、实用、生动,便于读者理解和练习。

　　(4) 任务驱动,通过实例进行学习。每章的设计采用任务驱动,读者学习每章时目标明确,任务就是完成和理解书中的实例和习题。书中内容突出实践性,以实例贯穿各个知识点,鼓励读者在实践中学习、思考和提高。

　　另外,对本书做以下说明。

　　本书的代码尽量遵守 xhtml 规范,但为了节省篇幅,书中的代码不包括 doctype、dtd、mete 等相关信息,完整的 xhtml 代码框架应如下所示。

```
<! DOCTYPE html PUBLIC " - //W3C//DTD XHTML 1.0
Transitional//EN" "http://www.w3.org/TR/xhtml1/DTD/xhtml1 - transitional.dtd">
<html xmlns = "http://www.w3.org/1999/xhtml">
<head>
<meta http - equiv = "Content - Type" content = "text/html; charset = gb2312" />
<title>标题</title>
</head>
<body>
</body>
</html>
```

第 4 篇提高篇的内容供读者参考,以加深读者对网页设计与制作相关概念和方法的了解。如 JavaScript 部分,需要一定的代码基础,但本书的读者对象大多是初学者,可能不具备这种基础,可以在以后再进一步学习这一部分的内容。

本书第 1 章、第 13 章、第 14 章、第 15 章、第 16 章、第 17 章、第 18 章由袁磊编写,第 2 章、第 3 章、第 6 章、第 7 章、第 11 章、第 21 章由陈伟卫编写,第 9 章、第 12 章由黄川林编写,第 8 章、第 10 章由李帅编写,第 19 章由张益民编写,第 20 章由杨晓光编写,第 5 章由夏天娇编写,第 4 章由张明会编写。全书由袁磊、陈伟卫、李帅统一修订。

在编写本书的过程中,尽管编写者都尽了最大的努力,但由于水平有限和时间仓促,本书在很多方面还需要进一步提高,不足和错误之处,欢迎广大读者批评指正。

编　者

2008 年 7 月

目 录

第一篇 HTML

第二篇　Dreamweaver

第三篇　CSS 篇

第四篇　提 高 篇

HTML

本篇主要介绍了网页设计的基本概念、HTML 基础、图片、超链接、表格、表单、框架、多媒体等基本知识及其在网页设计中的应用实例。主要内容包括：

- 网页设计概述
- HTML 基础
- 图片
- 超链接
- 表格
- 表单
- 框架
- 多媒体

第 1 章 网页设计概述

学习目标

通过本章的学习,掌握网页设计相关的基础知识,熟悉网页设计的相关概念,了解网页设计可能用到的工具,了解课程的内容安排和学习方法。

核心要点

➢ 基础知识

➢ 常用网页设计技术

➢ 常用网页设计工具

网络现在逐渐成为人们生活的一部分,网上冲浪、浏览各种各样的网页已经成为很多人每天的习惯,信息系统也越来越多地采用网页作为用户接口。那么你是否考虑过这些缤纷多彩的网页是如何设计制作出来的呢? 网页背后有哪些相关的技术呢? 你是否能够制作出这些美观大方的网页呢? 当然可以,从本章开始,进入我们的网页设计与制作的学习之旅。

1.1 基 础 知 识

在正式学习网页设计与制作之前,需要先了解下面的基本概念。

1. WWW

WWW 是 World Wide Web 的缩写,也可以简称为 Web,中文名字为"万维网"。

WWW 是当前 Internet 上最受欢迎、最为流行、最新的信息检索服务系统。它把 Internet 上现有的资源连接起来,使用户能够访问 Internet 上所有站点的超文本媒体资源文档。WWW 诞生于 Internet 之中,后来成为 Internet 的一部分,而今天 WWW 几乎成了 Internet 的代名词。

用户主要通过网页的形式访问 WWW。

2. URL

URL(Uniform Resource Locator,统一资源定位符)是一种地址,指定协议(如 HTTP 或 FTP)以及对象、文档、WWW 网页或其他目标在 Internet 或 Intranet 上的位置,例如,http://www.microsoft.com/。

每家每户有一个门牌地址,每个网页也有一个 URL。在浏览器的地址框中输入一个 URL 或是单击一个超链接时,就确定了要浏览的地址。

URL 有以下几种常见形式:

ftp://219.216.128.15/

http://baike.baidu.com/view/8972.htm

http://bbs.runsky.com/bbs/forumdisplay.php?fid=38

3. HTTP

Internet 的基本协议是 TCP/IP 协议,然而在 TCP/IP 模型最上层的是应用层,它包含所有高层的协议。高层协议有文件传输协议 FTP、电子邮件传输协议 SMTP,以及 HTTP 协议等。

HTTP(Hypertext Transfer Protocol,超文本传输)协议是用于从 WWW 服务器传输超文本到本地浏览器的传送协议,它保证计算机正确快速地在网络上传输超文本文档。

HTTP 就是在 Internet 上传输网页的协议,它可以屏蔽掉传输的细节,对用户是透明的,网页编写者只要将精力集中在网页设计与制作上就可以了。

4. HTML

HTML(Hyper Text Markup Language,超文本标记语言)是 WWW 的描述语言。

超文本普遍以电子文档方式存在,其中的文字可以链接到其他位置或者文档,允许从当前阅读位置直接切换到超文本链接所指向的位置。

与一般文本不同的是,一个 HTML 文件不仅包含文本内容,还包含一些 Tag,中文称为"标记"。

HTML 文件的扩展名是 htm 或 html。

使用文本编辑器就可以编写 HTML 文件,如 Windows 自带的记事本,也可以使用其他更高级的工具。

平时看到的网页代码都是 HTML 代码,这些代码有的是手工编写的,有的是 Dreamweaver、FrontPage 等工具自动生成的,有的是由动态网页自动生成的。但所有在浏览器中可以查看的网页都是 HTML 代码(包括 CSS、JavaScript),网页具体的显示效果都来自浏览器对 HTML 代码的解释。

5. 浏览器

浏览器是指可以显示网页服务器或者文件系统的 HTML 文件的内容,并让用户与这些文件交互的一种软件。网页浏览器主要通过 HTTP 协议与网页服务器交互并获取网页,这些网页由 URL 指定,文件格式通常为 HTML。一个网页中可以包括多个文档,每个文档都是分别从服务器获取的。大部分的浏览器本身支持除了 HTML 之外的广泛的格式,例如 JPEG、PNG、GIF 等图像格式,并且能够扩展支持众多的插件。另外,许多浏览器还支持其他的 URL 类型及其相应的协议,如 FTP、HTTPS。

现有的最常用的 4 种浏览器是 Internet Explorer、Mozilla FireFox、Opera 和 Safari。现实中还有一些以这 4 种浏览器为内核的浏览器,如 Maxthon 等。

同一个网页在不同的浏览器中可能有不同的显示效果,所以在网页设计与制作的过程中不能只考虑在一种浏览器中的显示效果,应尽可能考虑在多种浏览器下的显示效果。

6. B/S

B/S(Browser/Server)即浏览器和服务器架构,它是随着 Internet 技术的兴起,对 C/S(Client/Server)架构的一种变化或者改进的架构。在这种架构下,用户工作界面是通过 WWW 浏览器来实现的,只有极少部分事务逻辑在前端(Browser)实现,主要事务逻辑在服务器端(Server)实现。

用户通过浏览器查看网页,网页(包括静态网页、动态网页)存放在 Web 服务器上。用户通过 URL 访问服务器上的网页,服务器接到请求,通过 HTTP 的方法将网页传送给客户机,本地的浏览器将网页代码解释为一种美观、直观的形式,展现在用户面前。文字与图片是构成网页的最基本的元素,网页中还可以包括 Flash 动画、音乐、流媒体等。

一般来说,Web 服务器是一台或多台性能比较高的计算机,上面安装有 WWW 服务器软件,硬件和软件相结合,通过网络向用户提供服务。

当用户通过浏览器单击网页上的一个链接,或者在地址栏中输入一个网址的时候,其实是对 Web 服务器提出了访问请求,Web 服务器经过确认,会直接把用户请求的 HTML 文件传回给浏览器,浏览器对传回的 HTML 代码进行解释,这样用户就会在浏览器中看到所请求的页面,这个过程就是 HTML 页面的执行过程,如图 1-1 所示。

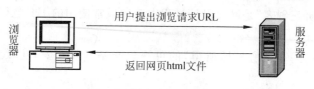

图 1-1　用户访问网页过程

7. 静态网页与动态网页

静态网页就是纯粹的 HTML 页面,网页的内容是固定的、不变的。网页一经编写完成,其显示效果就确定了。

动态网页是内容根据具体情况变化的网页,它一般根据网页的输入参数和数据库中内容的变化而变化。

如果在某位用户登录后,要出现一个网页,显示"你好,用户"。即张三登录后可以看到一个网页显示"你好,张三",而李四登录后见到的内容是"你好,李四"。如果要满足上面的要求,需要做两个静态页面,但如果有 1 万个用户甚至 10 万个用户的时候,显然不可能提前做好那么多的页面,这就需要应用动态页面技术来实现这样的功能。

静态页面技术是动态页面技术的基础,本书主要介绍静态页面。本书注重代码,因为动态页面技术需要编写者能够从代码角度理解网页。

常用的动态网页技术有 JSP、ASP、PHP、CGI 等。

可以从文件的扩展名来看一个网页文件是动态网页还是静态网页。静态网页的 URL 后缀是 htm、html、shtml、xml 等;动态网页的 URL 后缀是 asp、aspx、jsp、php、perl、cgi 等。

如 http://product.dangdang.com/product.aspx? product_id=20086446 是一个动态网页,而 http://bbs.v.moka.cn/subject/cage/index.htm 是一个静态网页。

1.2　常用网页设计技术

常用的网页设计技术如下,在这里只是简单地给出其名称,在后面将对这些技术进行深入的学习。

- HTML:超文本标记语言。

- CSS：层叠样式表。
- JavaScript：客户端脚本语言。
- Flash：Flash 动画。
- 美工：网站设计图的设计与制作。
- Web 标准：高级网站重构技术。

1.3 常用网页设计工具

"工欲善其事，必先利其器"，要想高效率地编写网页，好的工具软件是必不可少的。Macromedia 公司一直是网页设计方向的领导者，其旗下的"网页三剑客"在网页设计领域占有绝对优势。"网页三剑客"是网页设计过程中三种最常使用的工具软件，即 Dreamweaver、Fireworks 和 Flash。

Dreamweaver 是一个"所见即所得"的可视化网站开发工具，主要用于网页的设计与制作。

Fireworks 是一款创建与优化 Web 图像和快速构建网站与 Web 界面原型的理想工具。主要用于编辑矢量图形与位图图像。

Flash 可以创作 Flash 动画。Flash 动画是由 Macromedia 公司推出的交互式矢量图和Web 动画的标准。

Photoshop 是 Adobe 公司的图像处理软件，主要用于图像编辑、图像合成、校色调色及特效制作等，功能强大。

现在，Macromedia 公司已经被 Adobe 公司合并，在最新推出的 CS3 版本中，Dreamweaver CS3、Fireworks CS3、Flash CS3、Photoshop CS3 均由 Adobe 公司出品，可以在工作过程中非常方便地集成在一起。

1.4 课程内容安排

1. 课程内容

本书主要讲授网页设计与制作技术本身，主要包括 HTML、Dreamweaver、CSS、JavaScript 等。

另外，本书并不仅仅学习网页设计与制作技术，还包括学习怎样使用计算机、怎样使用计算机进行有目的的设计与开发。

随着网页设计与制作技术的发展，单纯使用 Dreamweaver 制作网页已经满足不了现实的要求，需要花费更多的时间来学习网页设计与制作的深层次内容，如 HTML、CSS、JavaScript 等，学习从代码角度去理解网页的设计与制作。

本书不包括网页设计与制作过程中美工、动画制作部分的内容。但美工、动画部分的工具如 Flash、Fireworks、Photoshop 等也是网页设计与制作过程中不可缺少的，将在后续课程中学习。

2. 选择理由

选择上述的课程内容，主要基于以下选择理由。

（1）本书的目标读者为专业网站设计者以及还要继续学习动态网页设计、网站设计的读者。在动态网页设计（如 JSP、PHP）和网站设计的内容中，对代码有着很高的要求，仅仅会用 Dreamweaver，而不能从代码的角度理解网页是不行的。

（2）真正掌握 Dreamweaver 需要理解代码。Dreamweaver 仅仅是自动生成代码（HTML、CSS、JavaScript 等）的工具，但工具毕竟是工具，其功能是有限的，有很多功能 Dreamweaver 本身不能完成；很多错误在 Dreamweaver 的功能范围内不能修改；Dreamweaver 自动生成的代码可能有很多冗余代码，在很多情况下需要进行优化。

使用 Dreamweaver 的过程中生成的很多效果都不尽如人意，需要与代码结合才能完成满足需求的设计。

（3）学习 Web 标准（网站标准）。目前所说的 Web 标准一般指网站建设采用基于 XHTML 语言的网站设计语言，Web 标准中典型的应用模式是 DIV＋CSS。传统的网站都是采用表格布局，但随着网页设计与制作技术的发展，绝大多数中大型网站都进行了网站重构，采用基于 Web 标准的网站设计方法代替了表格布局。

表 1-1 中的网站都采用了 DIV＋CSS 的设计方法，现实中绝大多数常见的大中型网站也采用了这种方法；而没有采用这种设计方法的网站，很多也都在进行网站重构的策划中。这种方法对代码的要求比较高，其学习方法和传统的网页设计的学习方法有所不同。

表 1-1　应用 DIV＋CSS 的部分网站

网 站 名 称	说　　　　明
新浪	http://www.sina.com.cn/
网易	http://www.163.com/
当当网	http://home.dangdang.com/
阿里巴巴	http://china.alibaba.com/
淘宝	http://www.taobao.com/
中央电视台	http://www.cctv.com/
中华网	http://www.china.com/
中华英才网	http://www.chinahr.com/
Microsoft	http://www.microsoft.com/
Yahoo	http://cn.yahoo.com/
亚马逊书店	http://www.amazon.com/
MSN	http://www.msn.com
北滨逐日	http://192.168.102.42（校内网站）

总的说来，网页设计与制作的技术发生了较大的变革，网页设计与制作的学习内容也必须相应地做出变革。传统的以工具或 HTML 为中心的网页设计与制作的教学内容和教学方法已经不能满足现实的需要和学习的需求，本书适应网页设计与制作技术的变革和发展，将现实中广泛应用的 Web 标准纳入学习内容，培养实用性人才。

在网页设计的入门级教材中引入基于 Web 标准的网页设计方法，是一个大胆的尝试。为了学以致用，与现实技术发展密切结合，把这一部分内容引入网页设计与制作的学习内容中，是完全必要的；并且这一部分的内容完全可以在学习的初始阶段掌握，没有必要作为一种高阶的技术与网页设计基础内容的学习分开。

1.5 小 结

网页设计与制作是一门动手性很强的课程,需要大量的实践。实践的过程需要多和周围的人交流。

要想学好网页设计与制作,首先要循序渐进,按照本书安排的顺序学习、实践;然后要培养设计与制作网页的兴趣,经常观察现实中的网页,尝试模仿完成现实中网页的显示效果。这样,在学习结束的时候,就可以模仿完成现实中绝大多数网页的显示效果,并且理解网页背后的相关技术,实现自我扩展、提高。

好了,网页设计与制作之旅就要开始了,享受这个过程吧。

1.6 习 题

1. 安装 FireFox 或 Opera 浏览器,并用它们浏览网页。
2. 参考第 2 章实例 2-1 来编写自己的第一个 HTML 页面,并在浏览器中查看。

第2章　HTML 基础

学习目标

本章主要是学习基本 HTML 标记和属性、HTML 颜色、字符实体等基础知识以及 HTML 的其他常用标记。

核心要点

➤ 基本 HTML 标记

➤ HTML 属性

➤ HTML 颜色

➤ 字符实体

➤ EditPlus

2.1　第一个 HTML 页面

网页其实就是 HTML 文件。一个 HTML 文件不仅包含文本内容，还包含一些 Tag，中文称为"标记"。

HTML 标记最基本的格式：＜标记＞内容＜/标记＞，标记通常成对使用，＜标记＞表示某种格式的开始，＜/标记＞表示这种格式的结束，如图 2-1 所示。

【实例 2-1】

【实例描述】

现在通过一个简单的例子，来学习 HTML 的基本结构。图 2-2 是一个最简单的网页在 IE 浏览器中的显示效果，注意网页的标题和内容。

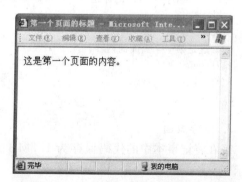

开始标记	结束标记
＜title＞这是网页的标题＜/title＞	

图 2-1　HTML 标记的基本格式

图 2-2　第一个 HTML 网页

【实例分析】

1. 打开编辑器

第一个 HTML 文件可以在 Windows 自带的【记事本】中完成，具体步骤如下：单击桌面左下角的【开始】菜单→【所有程序】→【附件】→【记事本】，如图 2-3 所示。

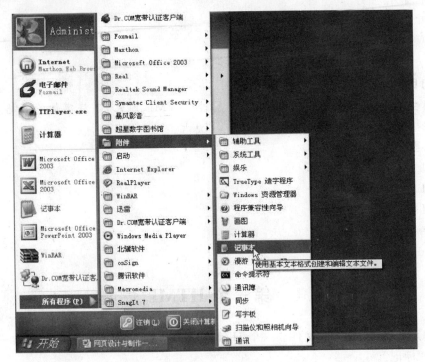

图 2-3　选择【记事本】程序

2. 用 Windows 自带的文本编辑器编写 HTML 文件

在记事本中输入如下代码。

```
<html>
<head>
<title>第一个页面的标题</title>
</head>
<body>
    这是第一个页面的内容。
</body>
</html>
```

3. 保存页面

现在将记事本中的代码保存为 HTML 文件，步骤如下：【文件】→【另存为】，如图 2-4 所示。

【注意事项】

（1）保存时注意修改文件的扩展名，HTML 文件的扩展名为 html 或 htm。

（2）保存类型选择"所有文件"。

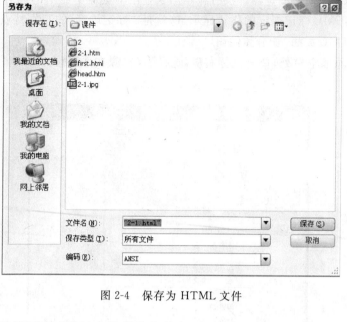

图 2-4　保存为 HTML 文件

（3）不允许使用汉字或特殊字符作为文件名。

【小技巧】

为了方便直观，可以用下面的方法显示所有文件的扩展名，然后再进行修改，如图 2-5、图 2-6 所示。步骤如下：打开一个文件夹，选择【工具】→【文件夹选项】→【查看】命令，打开图 2-6 所示的窗口。

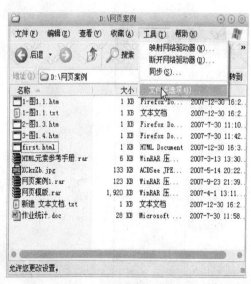

图 2-5　选择【文件夹选项】

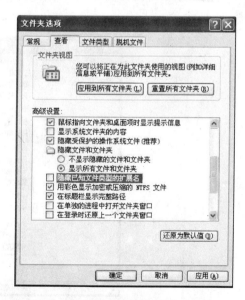

图 2-6　显示已知文件类型的扩展名

4. 显示和查看 HTML 网页

找到刚才保存的文件，至此，第一个 HTML 文件便保存成功。双击 first.html 文件，会自动弹出一个浏览器窗口，显示刚才编辑的文件，如图 2-2 所示。

所有的 HTML 标记浏览器都没有显示出来；在浏览器中显示的内容是标记中间的文字，文字按照 HTML 标记规定的样式显示，这就是"标记语言"的基本特点。

5. 打开 HTML 页面，查看源代码

方法 1：在页面空白处，单击鼠标右键，选择【查看源文件】命令，即可看到 html 代码，如图 2-7 所示。

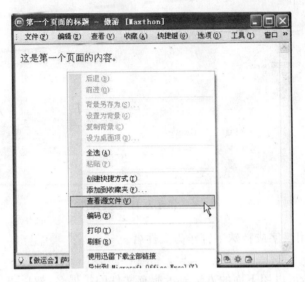

图 2-7　右键查看源代码

方法 2：单击浏览器工具栏上的【查看】→【查看源文件】，也可以看到网页的源文件，如图 2-8 所示。

图 2-8　单击查看源文件

【注意事项】

（1）文件尽量不要放在 C 盘下，因为容易丢失；同理，也不要放在桌面上；需要为网页建立单独的文件夹。

（2）所有文件、页面、图片和 Flash 等，都不要用中文或特殊字符命名，很多情况下服务器不能识别，容易出错。

（3）推荐 HTML 代码统一用小写代码，HTML 代码不区分大小写，＜html＞与＜HTML＞效果是一样的。使用小写代码符合 XHTML 的书写规范。

【常见错误】

（1）文件扩展名为 txt，没有更改扩展名为 html 或 htm。

（2）浏览器可能存在问题，不能正常浏览，需要修复或者重新安装浏览器。

2.2 标准 HTML 文件的结构

分析实例 2-1 中的 HTML 代码，可以发现，这个文件有 4 对标记，它们组成了一个标准的 HTML 文件，分别如下。

1. html（html 标记）

＜html＞…＜/html＞告诉浏览器，这个文件是 HTML 文件。

2. head（头部信息标记）

＜head＞…＜/head＞一般放在＜html＞标记后面，用来表明文件的题目或者定义部分。head 信息一般是不显示出来的，在浏览器里看不到，但是并不表示这些信息没有用处，例如可以在 head 里加上一些关键词，有助于搜索引擎能够搜索到用户的网页。

图 2-9 网页的标题

3. title（标题标记）

＜title＞…＜/title＞ 标题标记中的内容不显示在 HTML 网页正文里，它显示在浏览器窗口的标题栏里，如图 2-9 所示。

4. body（主体标记）

＜body＞…＜/body＞页面的主要内容都写在这个标记里面。

2.3 基本 HTML 标记

HTML 标记是 HTML 语言学习的主要内容，下面介绍几个常见的 HTML 标记。

1. 正文标题标记 从＜h1＞到＜h6＞

正文标题标记的格式为＜h1＞、＜h2＞、＜h3＞、＜h4＞、＜h5＞、＜h6＞，这些标记的作用是设置正文标题字体的大小，具体请参看实例 2-2。

【实例 2-2】

【实例描述】

图 2-10 是 6 种正文标题字在浏览器中的显示效果，注意观察正文标题字大小的规律。

【实例分析】

在文本编辑器中输入如下代码。

```
＜html＞
＜head＞
```

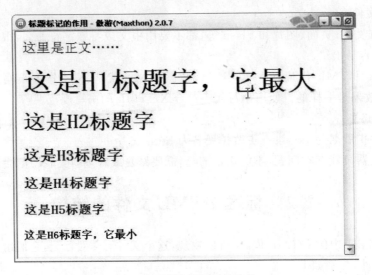

图 2-10　浏览标题字的效果

```
<title>标题标记的作用 </title>
</head>
<body>
    这里是正文…
    <h1> 这是 H1 标题字,它最大 </h1>
    <h2> 这是 H2 标题字 </h2>
    <h3> 这是 H3 标题字 </h3>
    <h4> 这是 H4 标题字 </h4>
    <h5> 这是 H5 标题字 </h5>
    <h6> 这是 H6 标题字,它最小 </h6>
</body>
</html>
```

【实例说明】

通过上面的实例,可以发现:

(1) <h1>～<h6>的内容都自动加粗并且显示为黑体字。

(2) <h1>～<h6>自动换行。

**2. 分段标记<p>和换行标记
**

<p>标记的作用是分段;
标记的作用是换行,另起一行。

【实例 2-3】

【实例描述】

图 2-11 是分段标记和换行标记在浏览器中的显示效果,注意观察两种标记的区别。

【实例分析】

在文本编辑器中输入如下代码。

```
<html>
<head>
<title>分段标记和换行标记 </title>
</head>
```

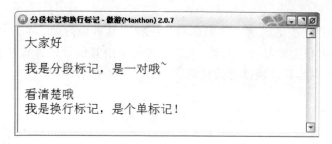

图 2-11　分段标记和换行标记

```
<body>
    大家好<p>我是分段标记,是一对哦~</p>
    看清楚哦<br/>我是换行标记,是个单标记!
</body>
</html>
```

【实例说明】

通过实例 2-3 可以明显感觉到分段标记和换行标记的差别如下:

<p>…</p> 是分段标记,它是一个成对的标记,段之间的距离较大,相当于换行后又空一行。

 是换行标记,它是一个单标记,表示换行。

3. 注释语句标记<!-- -->

<!-- 注释语句 -->是 HTML 文件中的注释标记,可以把关于这段代码的功能、作者、注意事项等信息放入其中。注释语句中的内容都会被浏览器忽略,不显示在网页上,所以设计者可以在注释语句中写入任何内容。

【实例 2-4】

【实例描述】

图 2-12 是在 HTML 文件中加入注释语句后的显示效果。

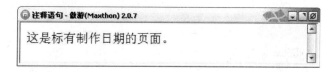

图 2-12　注释语句的应用

【实例分析】

在文本编辑器中输入如下代码。

```
<html>
<head>
<title>注释语句</title>
</head>
<body>
    这是标有制作日期的页面。   <!-- 2008 年 - 7 月 - 18 日 -->
</body>
</html>
```

【实例说明】

在 HTML 源代码中适当加入注释语句是一种非常好的习惯,对于设计者日后的代码修改、维护工作都有很大的好处。另外,当这段代码交给其他设计者维护的时候,这些注释语句可以让其他人更容易读懂已有的代码。

2.4 列表标记

HTML 有三种列表形式:有序列表(Ordered List)、无序列表(Unordered List)和定义列表(Definition List)。

1. 有序列表

在有序列表中,每个列表项前标有数字,表示顺序。有序列表由<ol>开始,每个列表项由<li>开始。

【实例 2-5】

【实例描述】

图 2-13 是有序列表在浏览器中的显示效果。

图 2-13   有序列表

【实例分析】

在文本编辑器中输入如下代码。

```html
<html>
<head>
<title>有序列表</title>
</head>
<body>
    <strong>常用的搜索引擎</strong>
      <ol>
        <li>百度 </li>
        <li>Google</li>
        <li>雅虎 </li>
      </ol>
</body>
</html>
```

【实例说明】

<strong>标记的作用是强调显示。

<ol>标记和<li>标记必须相互配合使用。

有序列表中除了默认的阿拉伯数字之外,还有很多其他排序的方式,使用方法如下:
<ol style="a">…</ol>,具体排序的属性值如表 2-1 所示。

表 2-1 <ol>的 type 属性

属性值	含　义
1	阿拉伯数字序列:1、2、3…
a	小写英文字母序列:a、b、c…
A	大写英文字母序列:A、B、C…
i	小写罗马数字序列:i、ii、iii…
I	大写罗马数字序列:Ⅰ、Ⅱ、Ⅲ…

2. 无序列表

无序列表不用数字标记每个列表项,而采用一个符号标志每个列表项,例如圆黑点、方块等。

无序列表由<ul>开始,每个列表项同样由<li>开始。

【实例 2-6】

【实例描述】

图 2-14 是无序列表在浏览器中的显示效果。

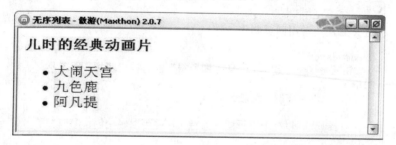

图 2-14　无序列表

【实例分析】

在文本编辑器中输入如下代码。

```
<html>
<head>
<title>无序列表</title>
</head>
<body>
    <strong>儿时的经典动画片</strong>
    <ul>
      <li>大闹天宫 </li>
      <li>九色鹿 </li>
      <li>阿凡提 </li>
    </ul>
</body>
</html>
```

【实例说明】

<ul>标记和<li>标记必须相互配合使用。

无序列表中除了默认的圆黑点之外，还有很多其他显示的方式，使用方法如下：

<ul style="circle">…</ul>，具体属性值如表 2-2 所示。

表 2-2 <ul>的 type 属性

属性值	含 义
disc	默认的圆黑点：●
circle	空心圆环：○
squre	方块：□

3. 定义列表

定义列表通常用于术语的定义和解释。定义列表由<dl>开始，术语由<dt>开始，术语的解释说明由<dd>开始，<dd></dd>里的文字缩进显示。

【实例 2-7】

【实例描述】

图 2-15 是定义列表在浏览器中的显示效果。

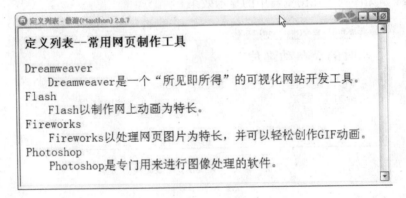

图 2-15 定义列表

【实例分析】

在文本编辑器中输入如下代码。

```
<html>
<head>
<title>定义列表</title>
</head>
<body>
    <strong>定义列表 -- 常用网页制作工具</strong>
    <dl>
        <dt>Dreamweaver</dt>
        <dd>Dreamweaver 是一个"所见即所得"的可视化网站开发工具。</dd>
        <dt>Flash</dt>
        <dd>Flash 以制作网上动画为特长。</dd>
        <dt>Fireworks</dt>
```

```
        <dd>Fireworks 以处理网页图片为特长，并可以轻松创作 GIF 动画。</dd>
        <dt>Photoshop</dt>
        <dd>Photoshop 是专门用来进行图像处理的软件。</dd>
    </dl>
</body>
</html>
```

2.5　HTML 的属性

HTML 标记可以有很多属性，属性可以扩展 HTML 标记的功能。属性通常由属性名和属性值成对出现，语法格式如下：

<标记 属性 1 = "属性值 1" 属性 2 = "属性值 2" …>…</标记>

属性通常是写在开始标记里面，属性值一般用双引号标记起来（注意：是英文半角状态下的双引号），多个属性并列的时候，用空格间隔，具体例子如图 2-16 所示。

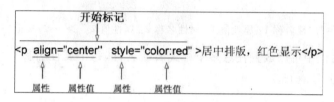

图 2-16　HTML 属性的用法

这是一个控制段落文字排版方式和字体颜色的例子，用到了常见的两个属性：align 和 style。

1. align 属性

align 属性的作用是定义对齐方式，常见属性值有 left、center、right 三种，能够控制大多数元素的左对齐、居中和右对齐。

【实例 2-8】

【实例描述】

图 2-17 是 align 属性定义的三种对齐方式在浏览器中的显示效果。

图 2-17　align 对齐属性的作用

【实例分析】

在文本编辑器中输入如下代码。

```
<html>
<head>
<title>align 对齐属性的作用</title>
</head>
<body>
    <p align = "left"> 左对齐</p>
    <p align = "center"> 居中对齐</p>
    <p align = "right"> 右对齐</p>
</body>
</html>
```

【实例说明】

align 属性可以定义很多元素的对齐方式,如文字、图片、动画等。

后面还会学到很多其他的属性,可以更精确地控制网页内容。

2. style 属性

style 属性的作用是定义样式,如文字的大小、色彩、背景颜色等。style 属性的书写格式是:

<标记 style = "属性名称 1:属性值 1;属性名称 2:属性值 2 " >…</标记>

一个 style 属性中可以放置任意多个样式属性名称,每个属性名称对应相应的属性值,属性名称之间用分号隔开。

【实例 2-9】

【实例描述】

图 2-18 是利用 style 属性改变文字颜色和大小。

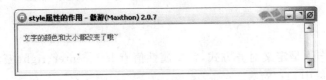

图 2-18　利用 style 属性改变文字的颜色和大小

【实例分析】

在文本编辑器中输入如下代码。

```
<html>
<head>
<title>style 属性的作用</title>
</head>
<body>
    <p style = " color:red; font - size:12px;"> 文字的颜色和大小都
        改变了哦～</p>
</body>
</html>
```

【实例说明】

color:red 代表控制文字的颜色为红色,当然也可以换成任意其他颜色。

font-size:12px 代表控制文字的大小为 12 像素,一般在网页中作为正文文字的推荐字号使用。

style 属性的用途非常广泛,利用它可以更精确地控制网页内容。

2.6　HTML 颜色

在 HTML 里,颜色有两种表示方式。一种是用颜色名称表示,例如 blue 表示蓝色,red 表示红色;另外一种是用十六进制的数值表示 RGB 的颜色值。

RGB 分别是 Red、Green、Blue 的首字母,即红、绿、蓝三原色的意思。RGB 每个原色的最小值是 0(十六进制为 0),最大值是 255(十六进制为 FF)。RGB 颜色标准几乎包括了人类视力所能感知的所有颜色,是目前运用最广的颜色系统之一。

RGB 的颜色的表示方式为 ♯RRGGBB。其中 RR、GG、BB 的取值范围都是 00 到 FF,如白色的 RGB 值(255,255,255),就用 ♯FFFFFF 表示;黑色的 RGB 值(0,0,0),就用 ♯000000 表示。

【实例 2-10】

【实例描述】

通过在主体标记<body>中添加背景颜色的属性 background-color,可以让网页呈现出不同的背景颜色,增加色彩氛围。background-color 这个属性还可以为其他 HTML 元素加入背景颜色。图 2-19 是页面加入背景颜色后在浏览器中的显示效果。

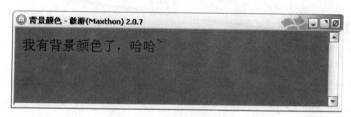

图 2-19　添加页面的背景颜色

【实例分析】

在文本编辑器中输入如下代码。

```
<html>
<head>
<title>背景颜色</title>
</head>
<body style = "background - color:♯006600">
    我有背景颜色了,哈哈~
</body>
</html>
```

【注意事项】

(1) HTML 网页中默认字体和边框都为黑色,背景为白色。

(2) 十六进制的数码有 0,1,2,3,4,5,6,7,8,9,a,b,c,d,e,f。

(3) 在 W3C 制定的 HTML 4.0 标准中,只有 16 种颜色可以用颜色名称表示(aqua,

black，blue，fuchsia，gray，green，lime，maroon，navy，olive，purple，red，silver，teal，white，yellow)，其他颜色都要用十六进制 RGB 颜色值表示。

现在的浏览器支持更多的颜色名称。不过为保险起见，建议采用十六进制 RGB 颜色值来表示颜色，并且在值前加上＃这个符号。

2.7 ＜div＞和＜span＞

div 和 span 标记的作用都是用于定义样式的容器，本身没有具体的显示效果，由其 style 属性或 CSS 来定义，不过两者在使用方法上存在着很大的差别。

【实例 2-11】

【实例描述】

图 2-20 是 div 和 span 标记在浏览器中显示效果的对比。注意观察两者的区别。

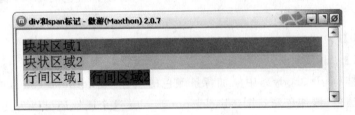

图 2-20　div 和 span 标记

【实例分析】

在文本编辑器中输入如下代码。

```
＜html＞
＜head＞
＜title＞div 和 span 标记＜/title＞
＜/head＞
＜body＞
    ＜div style = "background - color:＃3399FF"＞块状区域 1＜/div＞
    ＜div style = "background - color:＃99CCFF"＞块状区域 2＜/div＞
    ＜span style = "background - color:＃FFCCFF"＞行间区域 1＜/span＞
    ＜span style = "background - color:＃993399"＞行间区域 2＜/span＞
＜/body＞
＜/html＞
```

【实例说明】

通过上面的实例，可以发现：

＜div＞标记是一个块状的容器，其默认的状态就是占据整个一行。

＜span＞标记是一个行间的容器，其默认状态是行间的一部分，占据行的长短由内容的多少来决定。

在这里出现了一个新的标记＜style＞，这是一种特殊的语法，里面存放定义好的内容样式，例如背景颜色、字体颜色、字体大小等。

2.8 滚动字幕＜marquee＞

滚动字幕标记的基本语法结构如下：

＜marquee＞…＜/marquee＞

滚动字幕标记的基本属性设置如表 2-3 所示。

表 2-3　marquee 的基本属性

属　　性	描　　述	可　取　值
direction	移动方向	left，right，down，up
behavior	移动方式	scroll，slide，alternate
loop	循环次数	－1，2，…
scrollamount	移动速度	2，10，…
align	对齐方式	top，middle，bottom
bgcolor	背景颜色	＃rrggbb
height	底色所占高度	40px
width	底色所占宽度	50px

【实例 2-12】
【实例描述】

图 2-21 是在 HTML 文件加入滚动字幕标记后的显示效果。

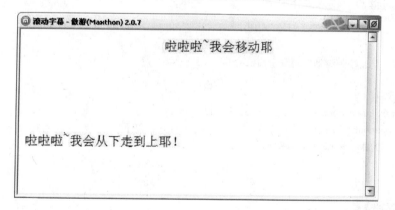

图 2-21　marquee 的应用

【实例分析】

在文本编辑器中输入如下代码。

```
<html>
<head>
<title>滚动字幕 </title>
</head>
<body>
    <marquee>啦啦啦～我会移动耶</marquee>
    <marquee direction = "up">啦啦啦～我会从下走到上耶！</marquee>
```

```
</body>
</html>
```

【实例说明】

参考表 2-3 中的属性,可以完成满足各种需求的滚动字幕效果。

【实例 2-13】

【实例描述】

图 2-22 是利用简单的 JavaScript 语句控制文字的运动状态。

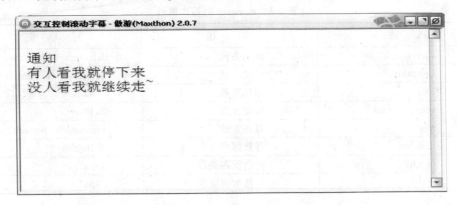

图 2-22   控制文字的运动状态

【实例分析】

在文本编辑器中输入如下代码。

```
<html>
<head>
<title>交互控制滚动字幕 </title>
</head>
<body>
    <marquee direction = "up" onmouseover = "stop()"
    onmouseout = "start()"> 通知 <br/> 有人看我就停下来 <br/>没人看
    我就继续走～ </marquee>
</body>
</html>
```

【实例说明】

onmouseover 表示鼠标经过滚动字幕时;stop()意为停止滚动。

onmouseout 表示鼠标离开滚动字幕时;start()意为开始滚动。

2.9   字符实体

对于 HTML 代码而言,有些字符有特别的含义,例如小于号"<"就表示 HTML 标记的开始,它是不在网页里显示的。特殊字符有两种:

(1) 在 HTML 中有特殊含义的字符。

例如:<,>,",&,空格等。

（2）无法用键盘直接输入的字符。

例如：¥，£，©，×，÷，€等。

为了避免出现这样的问题，HTML提供了特别的字符实体功能，专门用来显示那些有特殊含义的字符和无法直接用键盘输入的字符。

通常，一个字符实体（character entities）是由三部分组成的：

（1）一个"&"符号；

（2）字符专用名称或者字符代号；

（3）一个";"符号。

最常见的5种字符实体如表2-4所示。

表2-4　5种常见的字符实体

显示结果	说　　明	实体名称	实体代码
	显示一个空格		
<	小于号	&lt;	&#60;
>	大于号	&gt;	&#62;
&	& 符号	&amp;	&#38;
"	双引号	&quot;	&#34;

【实例2-14】

【实例描述】

图2-23是某些特殊符号在浏览器中的显示效果。

图2-23　字符实体的效果

【实例分析】

在文本编辑器中输入如下代码。

```
<html>
<head>
<title>字符实体</title>
</head>
<body>
    &lt;p&gt;是段落标记<br/>
    这里是    三个空格字符。
</body>
</html>
```

【实例说明】

除了上面说的5种常见字符实体外，还有很多其他的特殊字符，见表2-5所示。

表 2-5　其他常见的字符实体

显示结果	说　明	实体名称	实体代码
©	版权	&copy;	&#169;
®	注册商标	&reg;	&#174;
×	乘号	&times;	&#215;
÷	除号	&divide;	&#247;
￥	人民币、日元	&yen;	&#165;
£	镑	&pound;	&#163;

【小技巧】

如何在网页中加入多个空格？

通常情况下，HTML 会自动截去多余的空格。不管加多少空格，都被看做一个空格。例如在两个字之间加了 10 个空格，HTML 会截去 9 个空格，只保留一个。

可以在 HTML 代码中使用   添加多个空格。

2.10　EditPlus

EditPlus 是一款小巧但功能强大的文本和 HTML 编辑器，它可以设计网页和编辑文档，达到事半功倍的效果。

下面介绍 EditPlus 的使用方法：

（1）双击 EditPlus 的图标，初始界面如图 2-24 所示。

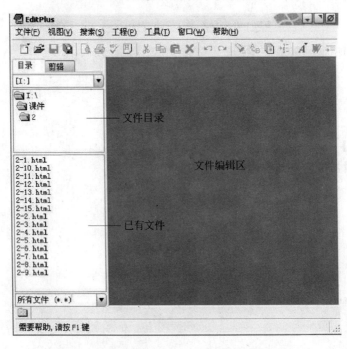

图 2-24　EditPlus 界面功能划分

（2）新建一个 HTML 网页，单击 EditPlus 左上角的【文件】菜单→【新建】→【HTML 网页】，如图 2-25 和图 2-26 所示。

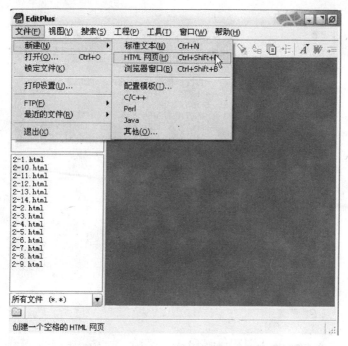

图 2-25　在 EditPlus 中新建一个 HTML 网页

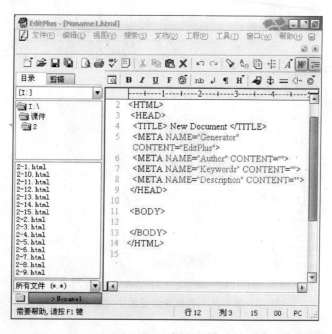

图 2-26　新网页显示

（3）单击文件编辑区域左上角的浏览器图标 ，可以快速查看编辑页面在浏览器中的效果，如图 2-27 和图 2-28 所示。

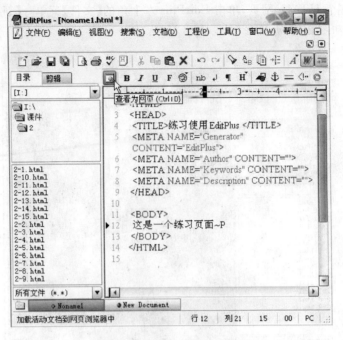

图 2-27　编辑页面后查看

图 2-28　页面在浏览器中的效果

（4）单击【文件】菜单→【保存】，保存当前页面即可。

（5）当多个文件同时打开时，可以通过窗口下面的标签页进行切换，如图 2-29 所示。

图 2-29　通过标签页切换页面

2.11　习　　题

1. 下列哪些网页的命名是正确的？

(1) Index. htm；

(2) 11345127608. shtml；

(3) 我的网页. htm；

(4) My page. html；

(5) View(News). htm。

2. 阅读下列代码，回答问题。

```
<html>
<head>
<title>属性和属性值</title>
</head>
<body>
    <span style = "color:＃0000FF;font - size:18px">Welcome to
    BeiJing <br/>
    <marquee direction = "down" scrollamount = "3" height = "50px">
    每天进步一点点</marquee>
    </span>
</body>
</html>
```

(1) 上面代码中有哪些 HTML 标签？

29

（2）上面的标签中哪些是开始标签？哪些是结束标签？所有标签都既有开始标签又有结束标签吗？

（3）span 的属性是什么？属性值是什么？span 的属性是加在开始标签中还是结束标签中？

（4）marquee 有几个属性？对应的属性值是什么？多个属性之间用什么分隔？

（5）标签的名称、属性的名称、属性值的取值都是 HTML 规范中提前规定好了的吗？它们在网页中有固定的含义吗？可以改变它们的默认显示样式吗？

3. 模仿完成如图 2-30 所示的页面。

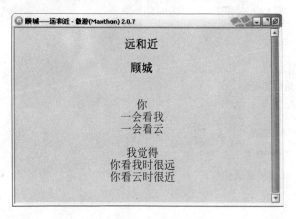

图 2-30　文字排版

图 2-31　标签的嵌套

4. 模仿完成下列代码，显示效果如图 2-31 所示。

```
<html>
<head>
<title>标签的嵌套</title>
</head>
<body>
    <div style = "background - color:#CCFF99; width:200px;
    height:100px">
      <ul>
        <li>沈阳</li>
        <li>大连</li>
        <li>成都</li>
        <li>青岛</li>
      </ul>
    </div>
</body>
</html>
```

5. 请试着在 HTML 的 body 中输入如下字符，并且在浏览器中查看显示效果。

```
&spades;
&clubs;
&hearts;
&diams;
```

第 3 章　　　图　　片

学习目标

本章主要是理解网络图片的概念、掌握如何在 HTML 中插入图片、设置图片的绝对路径和相对路径等基本知识，熟悉图文混合排版的方法。

核心要点

➤ 两种常用的路径

➤ 网络图片的基本概念

➤ 插入图片的标记<img>

➤ 图文混排

3.1　文　件　路　径

HTML 超文本标记语言能够利用 URL，将不同格式、不同属性、不同位置的各种网络资源，用统一的方式互相链接起来。常见的文件路径有两种：一种是绝对路径，另一种是相对路径，下面分别来介绍。

1. 绝对路径

绝对路径是指带域名的文件的完整路径。一个完整的绝对路径包括以下几个部分：

- 一个传输协议（如 HTTP 协议）。
- 网络域名或者服务器 IP 地址。
- 网站结构的目录树。
- 文件名（文本、图片、音频和视频等）。

这些部分就构成了一个完整的绝对路径，例如：http://www.flashempire.com/news/index.php。

2. 相对路径

相对路径这个概念，在网页制作中经常遇到，例如超链接、链接图片、背景音乐、CSS 文件、JS 文件、数据库等，都要应用到相对路径。

什么是相对路径？相对路径就是指由这个文件所在的位置引起的跟其他文件（或文件夹）的路径关系，也就是自己相对于目标的位置。下面通过实例来讲解如何确定相对路径。

【实例 3-1】

【实例描述】

目前在本地硬盘有这样的一个文件结构，具体介绍和展示如图 3-1 所示。

- 一个网页 3-1.html：需要浏览的网页。

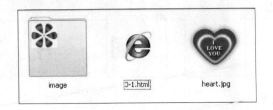

图 3-1 示例的文件结构

- 一幅图片 heart.jpg：心的图片。
- 一个文件夹 image：里面有一幅图片 f.jpg。

图 3-2 是在页面中插入两幅图片后的显示效果，注意区分两种路径的不同。

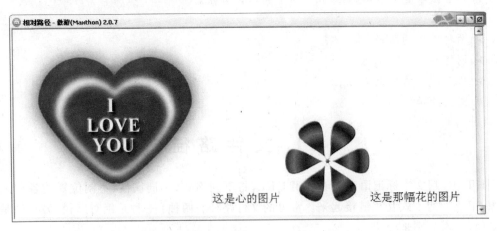

图 3-2 在网页中插入图片

【实例分析】

在文本编辑器中输入如下代码。

```
<html>
<head>
<title>相对路径 </title>
</head>
<body>
    <img src = "heart.jpg" />这是心的图片
    <img src = "image/f.jpg" />这是那幅花的图片
</body>
</html>
```

【实例说明】

总结归纳起来，对于各种相对路径主要有三种情况。

（1）当前目录：src＝" ＊ ＊ .jpg"

如果源文件和引用文件在同一个目录里，直接写引用文件名即可。

（2）当前目录上一层：src＝"../ ＊ ＊.jpg"

../表示源文件所在目录的上一级目录,../../表示源文件当前目录的上一级目录的上一级目录。

（3）下级目录：src＝"＊＊/＊＊.jpg"

引用下级目录的文件，直接写下级目录文件的路径即可，其中＊＊代表具体的文件名或者目录名。

现实中的网页都是在本地计算机上制作完成，然后上传到 Web 服务器上的。而本地计算机和服务器的目录结构是不一样的，如果使用绝对路径，浏览器就会找不到被引用的文件，而使用相对路径就不会出现这种问题。

在做网页的过程中使用到任何资源，都要复制到网页专用的文件夹中，尽量使用相对路径，地址中不能出现包含驱动器盘符的地址，如"D:\w\我的文件"。

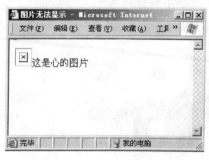

图 3-3　图片无法显示

【注意事项】

（1）图片不能正常显示，如图 3-3 所示。

出现这种情况，一般有三种可能：

• 文件名称不正确，请检查图片的扩展名是 jpg、jpeg 还是 gif。

• 图片和网页文件没有放在同一个文件中。

• 文件路径不对。路径中含有中文或者非法字符，服务器无法识别。

（2）如果网站都应用相对路径，当站点进行整体搬迁时，例如域名从 http://192.168.102.42 改为 http://www.bmzr.com.cn，设计者无须逐个修改网页内部的链接地址。

3.2　图　像　格　式

图片有很多格式，常见的有 BMP、JPG、GIF、PNG 等，网页设计中最常用的是 JPG 和 GIF 两种。

BMP 是一种与硬件设备无关的图像文件格式，使用非常广泛。它采用位映射存储格式，除了图像深度可选以外，不采用其他任何形式的压缩，因此，BMP 文件占用的存储空间很大。由于 BMP 文件格式是 Windows 环境中数据的一种标准，因此在 Windows 环境中运行的图形图像软件都支持 BMP 图像格式，例如 Windows 操作系统自带的画图工具。

JPG 格式是目前网络上最流行的图像格式，它可以压缩文件，并提供多种压缩级别。JPG 格式的文件扩展名为 jpg 或 jpeg，数码相机所采用的图片格式大多是 JPG。

GIF 图像文件的数据是经过压缩的，而且是采用了可变长度等压缩算法。所以 GIF 的图像深度从 1 bit 到 8 bit，也就是说 GIF 最多支持 256 种色彩的图像。GIF 格式的另一个特点是在一个 GIF 文件中可以同时存多幅彩色图像，构成 GIF 动画。

PNG 是为了替代 GIF 和 TIFF 而出现的文件存储格式，它增加了一些 GIF 文件格式所不具备的特性。Photoshop 和 Fireworks 都可以处理 PNG 图像文件，也可以用 PNG 文件格式存储图像。

应避免在网页中使用体积较大的图片。

3.3 在网页中使用图片

HTML 中插入图片用的是<img />标记,它的属性包括图片的路径、宽、高和替代文字等。基本语法格式如下:

<img src = "#" alt = "**"/>

#代表图片的 URL；

**代表在浏览器尚未完全读入图片时,在图片位置显示的替代文字。

【实例 3-2】

【实例描述】

图 3-4 是在 HTML 文件中插入图片和相应的替代文字后,页面的显示效果。

【实例分析】

在文本编辑器中输入如下代码。

图 3-4　插入图片和替代文字

```
<html>
<head>
<title>插入图片 </title>
</head>
<body>
    <img src = "image/taiji.jpg" alt = "这是经典的太极图形" />
</body>
</html>
```

【实例说明】

alt 属性的作用是在图片位置显示替代的文字,可以对图片加以解释,推荐使用。

【实例 3-3】

【实例描述】

图 3-5 是通过 height 和 width 属性控制图片高和宽,实现图文混排的效果。

【实例分析】

在文本编辑器中输入如下代码。

```
<html>
<head>
<title>图文混排 </title>
</head>
<body>
    <img src = "image/jh.jpg" alt = "漂亮的野菊花" height = "200"
      width = "350" />
    <br/>
    <h4>山上的野花为谁开又为谁败</h4>
    <h4>静静的等待是否能有人采摘</h4>
</body>
</html>
```

图 3-5　图文混排

【注意事项】

在默认状况下，图片显示原有的尺寸。可以用 height 和 width 属性改变图片的高和宽，图片会相应放大或缩小，如果比例不合适，显示出来的效果可能不太好。

【小技巧】

用 align 属性，可以改变图片的水平对齐方式（居左、居中、居右）。

【实例 3-4】

【实例描述】

图 3-6 是通过 background-image 属性在页面中添加背景图片，文字可以写在背景上面。

图 3-6　添加背景图片

【实例分析】

在文本编辑器中输入如下代码。

```
<html>
<head>
<title>背景图片 </title>
</head>
<body style = "background - image:url(image/bg.jpg)">
<h2>在图片上可以随心所欲地写字哦~</h2>
```

```
</body>
</html>
```

【实例说明】

background-image：url(♯) 是 style 的一个属性，作用是给页面添加背景图片。
♯代表背景图片的地址。

3.4 习 题

在本地的 D 盘上，文件存储目录结构如图 3-7 所示。

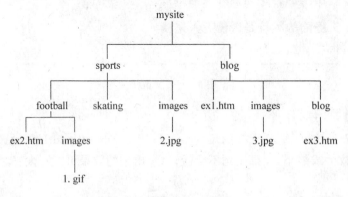

图 3-7　文件存储目录结构

请根据上面的文件存储目录，完成下面的题目。

(1) 使用相对路径分别写出在 ex1. htm、ex2. htm 及 ex3. htm 中插入图片 1. gif 的
代码。

(2) 使用相对路径分别写出在 ex1. htm、ex2. htm 及 ex3. htm 中插入图片 2. jpg 的
代码。

(3) 使用相对路径分别写出在 ex1. htm、ex2. htm 及 ex3. htm 中插入图片 3. jpg 的
代码。

第4章　超　链　接

学习目标

通过本章的学习,掌握超链接的功能及实现方法,掌握超链接的基本格式。

核心要点

➢ 超链接的概念

➢ 超链接的语法

➢ 邮件地址链接

➢ 图片超链接

超链接属于网页的一部分,它可以与其他网页或站点之间进行链接。各个网页链接在一起后,才能真正构成一个网站。超链接是指从一个网页指向一个目标的链接关系,这个目标可以是另一个网页,也可以是相同网页上的不同位置,还可以是一个图片,一个电子邮件地址,一个文件,甚至是一个应用程序。而在一个网页中用来超链接的对象,可以是一段文本或者一个图片。

4.1　外部链接与内部链接

【实例 4-1】

【实例描述】

图 4-1 是实例 4-1 的显示效果,其中包括两个外部链接和一个本地链接。

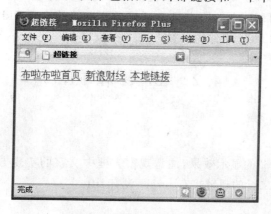

图 4-1　外部链接与内部链接

【实例分析】

相关代码如下。

```
<html>
<head>
<title>超链接</title>
</head>
<body>
    <a href = "http://www.blabla.cn/">布啦布啦首页</a>
    <a href = "http://finance.sina.com.cn/">新浪财经</a>
    <a href = "link.html">本地链接</a>
</body>
</html>
```

【实例说明】

html 用<a>来表示超链接,英文名称为 anchor。<a>可以指向任何一个文件源,如 HTML 网页、图片或其他任何类型的文件,使用格式为:

```
<a href = "URL">超链接名</a>
```

在本例中<a>和</a>是超链接的标签,http://www.blabla.cn/是 URL,而"布啦布啦首页"是超链接名。

标签<a>表示一个超链接的开始,</a>表示一个超链接的结束,单击<a>与</a>中间包含的内容,即可以打开 href 对应的 URL。

超链接文本默认带下划线并且文字颜色为蓝色,当鼠标在"超链接名"上方时指针会变成手状。

<a href="link.html">本地链接</a>是本地链接,链接到本地的文件 link.html。在这里,link.html 需要与本实例对应的 html 文件在同一目录下。

【常见错误】

* URL 没有写完整。把 URL 错写成 www.blabla.cn,应该写完整如 http://www.blabla.cn/,不能忽略前面的部分。
* 本地链接的 HTML 文件不能正确链接。要链接的本地 HTML 文件没有复制到本实例对应的 HTML 文件所在目录下或者要链接的本地 HTML 文件名没有写正确,注意检查 HTML 文件的扩展名。

4.2　target 和 title

【实例 4-2】

【实例描述】

图 4-2 对应实例 4-2 的显示效果,注意观察方框中文字的实现方法。第一行的超链接有 title 没有 target,第二行的超链接有 target 没有 title。

【实例分析】

相关代码如下。

```
<html>
```

图 4-2　target 与 title

```
<head>
<title>target 与 title</title>
</head>
<body>
    <a title = "网页设计与制作精品课程网站"
      href = "http://jpkc.neusoft.edu.cn/gz/webdesigner">
    网页设计与制作</a> <br/>
    <a href = "http://jpkc.neusoft.edu.cn/gz/webdesigner"
        target = "_blank">在新窗口中打开</a>
</body>
</html>
```

【实例说明】

target＝"_blank"，在新窗口中打开超链接。

title，超链接的标题，当鼠标在超链接上方时会出现对超链接进行说明的方框，如图 4-2 所示。

4.3　图片超链接

【实例 4-3】

【实例描述】

图 4-3 对应实例 4-3 的显示效果，该实例中包括图片超链接与邮件超链接，单击图片，即可链接到对应的网页。

图 4-3　图片超链接

【实例分析】

相关代码如下。

```
<html>
<head>
<title>图片超链接</title>
</head>
<body>
    <a href="http://www.neusoft.edu.cn">
    <img src="campus.jpg"/>
    </a>
    <br/>图片超链接
    <a href="mailto:tsingdao@163.com">给我写信</a>
</body>
</html>
```

【实例说明】

图片超链接即在<a>和</a>之间包含<img src="＊＊＊"/>，鼠标单击图片即可链接到 href 所对应的文件。

邮件超链接的示例语法如<a href="mailto:tsingdao@163.com">，直接调用用户计算机上的默认邮件收发工具如 outlook、foxmail 等，如果用户计算机上的上述邮件收发工具已经配置好，就可以直接给指定邮件地址发送邮件。

4.4 习 题

设计一个简单的个人网站，要求如下。

- 完成个人简介、我的音乐、我的相册、相关链接及联系我们共 5 个页面。
- 个人简介页面中包括个人的学号、姓名等内容。
- 相关链接页面中包括百度搜索和 Google 搜索两个外部链接。
- 我的相册页面中要包含多张图片。
- 我的音乐页面中要提供至少一个音乐文件的下载链接。
- 联系我们页面中包括一个邮件超链接，收件人是 fran@hotmail.com。
- 要求在上述任何一个网页中都能够链接到其他 4 个网页。

第5章　表　格

学习目标

通过本章的学习，掌握组成表格的基本标记和基本结构，能够运用这些标记编写出基本的表格。

核心要点

- 表格的基本标记
- 表格的基本结构
- 表格的属性标记
- 表格的结构标记

表格不仅能够清楚地显示数据，而且还是网页设计与制作中一个主要的定位技术，在网页布局中发挥着重要作用。掌握与表格相关的 HTML 代码，将有助于在网页设计和制作中充分利用表格的定位功能，实现网页的合理布局。

本章主要对与表格有关的 HTML 标记，包括组成表格的基本标记、表格的基本结构、表格的属性标记及各种标记的应用逐一进行介绍。

5.1　表格标记

组成表格的基本标记有<table>、<tr>、<th>和<td>。其中<table>用来定义整个表格；<tr>用来定义表格的行，一个表格由几行组成，在<table>和</table>之间就会有几对<tr>和</tr>标记；<th>和<td>都是用来定义单元格的，两者的区别在于，前者定义的是表头单元格，在表头单元格中的文本默认会以粗体和居中显示，而后者定义的单元格是普通的单元格，表格中的内容若要以粗体、居中显示，需要后续设置。通过实例 5-1 我们来进一步学习上述标记的具体功能。

【实例 5-1】

【实例描述】

图 5-1 是一个最简单的两行三列的表格。

姓名	**班级**	**成绩**
张力	三班	85

图 5-1　表格的基本标记

【实例分析】

图 5-1 是通过以下的 html 代码实现的。

```
<table border = "1">
    <tr>
    <th>姓名</th>
```

```
<th>班级</th>
<th>成绩</th>
</tr>
<tr>
<td>张力</td>
<td>三班</td>
<td>85</td>
</tr>
</table>
```

【实例说明】

从以上的实例可以发现,一个简单的表格是由四对标记组成的,分别如下。

1. 表格标记

<table>…</table> 定义一个表格,每一个表格只有一对<table>和</table>,一张页面中可以有多个表格。

2. 表格行标记

<tr>…</tr> 定义表格的行,一个表格可以有多行,所以<tr>和</tr>对于一个表格来说可以不止一对。

3. 表格单元格标记

(1) <td>…</td> 定义表格的一个单元格,每行可以有不同数量的单元格,在<td>和</td>之间是单元格的具体内容。

(2) <th>…</th> 定义表头单元格,位于<th>与</th>之间的文本默认以粗体、居中显示。

【注意事项】

(1) 上述这些标记通常是配对使用的,<td>…</td>和<th>…</th>必须在<tr>…</tr>之内。

(2) 在输入代码时,为了能够看到表格的边框,要在 table 标签的后面加入 border 属性。

上面提到的表格标记要按照正确的结构编写才能够正确地显示出所需要的表格,下面就来学习表格的基本结构。

5.2 表格的基本结构

一个表格是由行和组成各行的单元格组成的,在用 HTML 语言编写表格代码时需要按照一定的结构编写。表格的基本结构如下。

```
<table>定义表格
    <tr>定义表行
    <th>定义表头</th>
    </tr>
    <tr>
    <td>定义单元格</td>
    </tr>
</table>
```

通过组成表格的一些基本标记以及表格基本结构的学习,现在我们可以轻而易举地制作出一个简单的表格了。

5.3 表格的属性

大家在网上浏览网页时,看到的表格并不是千篇一律的,它们可以有不同的高度和宽度,也可以有不同的颜色以及不同的样式,那么这些丰富多彩的效果在 HTML 中是如何实现的呢?

表格有很多属性,如宽、高、边框、背景颜色、背景图像等属性。此外,表格中的行和单元格也有宽、高、背景颜色、背景图像、边框等属性。由于表格及其所属的行和单元格有很多相同的属性,且属性的功能基本相同,所以在此对它们的属性一并介绍。

1. 表格的宽和高

【实例 5-2】

【实例描述】

图 5-2 是一个宽为 170px,高为 100px 的两行三列的表格。关于行和单元格尺寸的设置,可仿照此实例进行操作。

【实例分析】

图 5-2 是通过以下的 html 代码实现的。

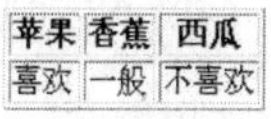

图 5-2 表格的宽和高

```
<table border = "1" width = "170" height = "100">
    <tr>
        <th>苹果</th>
        <th>香蕉</th>
        <th>西瓜</th>
    </tr>
    <tr>
        <td>喜欢</td>
        <td>一般</td>
        <td>不喜欢</td>
    </tr>
</table>
```

【实例说明】

从以上的实例可以发现,表格的宽和高分别是由 width 属性和 height 属性来实现的,具体介绍如下。

(1) 表格的宽度

width 属性:指定整个表格或表格的某一行和某个单元格的宽度。单位可以是百分比(%)或者 px(像素),百分比设置宽度的相对值,px 设置宽度的绝对值。

(2) 表格的高度

height 属性:指定整个表格或表格中的某一行和某个单元格的高度。单位可以是百分比或者 px,百分比设置高度的相对值,px 设置高度的绝对值。

【注意事项】

(1) 行和单元格的宽度和高度设置与表格的尺寸设置大同小异,格式为<td width=# height=#>。

(2) 当用表格进行网页布局时，为了使网页的显示效果不会因浏览器的大小而受到影响，通常把表格，或某一单元格的宽度设置成百分比，这样网页就会按照浏览器宽度的一定百分比来显示。

2. 表格的边框

【实例 5-3】

【实例描述】

图 5-3 是边框为 10px 的两行三列的表格。

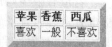

苹果	香蕉	西瓜
喜欢	一般	不喜欢

图 5-3 表格的边框

【实例分析】

图 5-3 是通过以下的 html 代码实现的。

```
<table border = "10">
    <tr>
        <th>苹果</th>
        <th>香蕉</th>
        <th>西瓜</th>
    </tr>
        <td>喜欢</td>
        <td>一般</td>
        <td>不喜欢</td>
    </tr>
</table>
```

【实例说明】

从以上的实例可以发现，表格边框是通过 border 属性来设置的。

【实例 5-4】

苹果	香蕉	西瓜
喜欢	一般	不喜欢

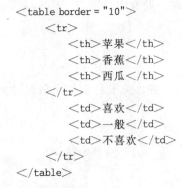

图 5-4 表格的边框颜色

【实例描述】

图 5-4 是边框为绿色的两行三列的表格，其中第一行即表头行第一个单元格的边框为蓝色，第二行第一个单元格的边框为紫色。

【实例分析】

图 5-4 是通过以下的 html 代码实现的。

```
<table width = "200" border = "1" bordercolor = "#00CC66">
  <tr>
    <th bordercolor = "#0099FF">苹果</th>
    <th >香蕉</th>
    <th >西瓜</th>
  </tr>
  <tr>
    <td bordercolor = "#6633CC">喜欢</td>
    <td>一般</td>
    <td>不喜欢</td>
  </tr>
</table>
```

【实例说明】

从上面的实例发现，bordercolor 属性可以指定表格或某一个单元格的边框颜色，它也可以指定某一行的边框颜色,格式分别为<table bordercolor="#">、<td bordercolor="#">和<tr bordercolor="#">。

【注意事项】

<table bordercolor="#">、<tr bordercolor="#">和<td bordercolor="#">中的#部分除了可以输入十六进制的六位颜色值外,还可以直接使用 red、blue 和 yellow 等颜色值。

3. 背景颜色与背景图像

【实例5-5】

【实例描述】

图 5-5 是背景颜色为粉色的两行三列的表格,其中第二行第一个单元格的颜色为浅蓝色,第三个单元格的背景为图片。

【实例分析】

图 5-5 是通过以下的 html 代码实现的。

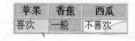

图 5-5　表格的背景色和背景图像

```
<table width="200" border="1" bgcolor="#FF99CC">
    <tr>
        <th>苹果</th>
        <th>香蕉</th>
        <th>西瓜</th>
    </tr>
    <tr>
        <td bgcolor="#99FFFF">喜欢</td>
        <td>一般</td>
        <td background="pig.gif">不喜欢</td>
    </tr>
</table>
```

【实例说明】

从以上的实例我们发现,bgcolor 属性用于指定表格或某一个单元格的背景颜色,background 属性用于指定表格或某一个单元格的背景图片。格式分别为<table bgcolor="#">和<table background="URL">,<td bgcolor="#">和<td background="URL">。

【注意事项】

在<table bgcolor="#">和<td bgcolor="#">中,#部分输入的是十六进制颜色值或颜色的英文单词,而 background 后面输入的是 URL,即背景图片的路径。

bgcolor 和 background 也可以指定某一行的背景颜色和背景图像,格式分别为<tr bgcolor="#">和<tr background="URL">。

4. 表格的对齐方式

【实例5-6】

【实例描述】

图 5-6 是宽为 300px,并相对于窗口居左显示的两行三列的表格,其中的文字内容相对其所在单元格水平和垂直方向都居中对齐。

【实例分析】

图 5-6 是通过以下的 html 代码实现的。

<table width="300" border="1" align="left">

图 5-6　表格的对齐方式

```
<tr>
    <th>苹果</th>
    <th>香蕉</th>
    <th>西瓜</th>
</tr>
<tr>
    <td align = "center" valign = "middle">喜欢</td>
    <td align = "center" valign = "middle">一般</td>
    <td align = "center" valign = "middle">不喜欢</td>
</tr>
</table>
```

【实例说明】

从以上的实例可见,表格以及单元格的对齐方式是通过 align 属性和 valign 属性来实现的,具体介绍如下。

(1) 表格的水平对齐

align 属性:指定表格在窗口中的水平对齐方式,也可以指定某一行或某一个单元格里的内容(文本、图片等)相对于所在单元格的水平对齐方式。有三个值,left、center 和 right,分别代表左对齐、居中对齐和右对齐。格式分别为<table align="♯">、<td align="♯">和<tr align="♯">。

(2) 单元格的垂直对齐

valign 属性:指定某一行或某一个单元格里的内容(文本、图片等)相对于所在单元格的垂直对齐方式。有 top、middle、bottom 和 baseline 四个值,分别代表顶端对齐、居中对齐、底部对齐和基线对齐,格式为<td valign="♯">和<tr valign="♯">。

【注意事项】

只有表格的行和单元格有垂直对齐的属性,表格没有垂直对齐属性;行或单元格的水平对齐与垂直对齐是针对于单元格中的内容相对所在单元格的位置而言的,而表格的水平对齐是针对表格相对于其所在的窗口位置而言的,两者具有本质的区别。

5. 单元格的间距和边距

【实例 5-7】

【实例描述】

图 5-7 是一个两行三列的表格,其中单元格之间的间距为 10px,单元格的边距,即单元格的内容相对其所在单元格边框的距离为 10px。

【实例分析】

图 5-7 是通过以下的 html 代码实现的。

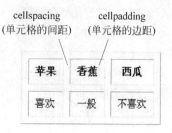

图 5-7　表格间距和边距

```
<table border = "1" cellpadding = "10" cellspacing = "10" >
    <tr>
        <th>苹果</th>
        <th>香蕉</th>
        <th>西瓜</th>
    </tr>
    <tr>
        <td>喜欢</td>
        <td>一般</td>
        <td>不喜欢</td>
    </tr>
</table>
```

【实例说明】

单元格的间距和边距是通过 cellspacing 属性和 cellpadding 属性来实现的,具体介绍如下。

单元格的间距(cellspacing 属性):指定表格中单元格之间的距离,格式为<table cellspacing="♯">。

单元格的边距(cellpadding 属性):指定单元格里的内容(文本、图片等)距离单元格边框的距离,格式为<table cellpadding="♯">。

6. 单元格跨越的行数和列数

【实例 5-8】

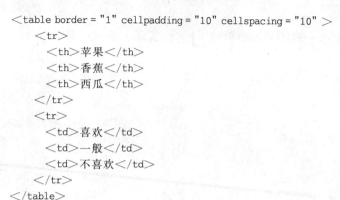

图 5-8　单元格跨越多列

【实例描述】

图 5-8 是一个三行的表格,其中第一行的单元格跨越了三列,实现了单元格横向的合并。

【实例分析】

图 5-8 是通过以下的 html 代码实现的。

```
<table border = "1">
    <tr>
        <th colspan = "3"> 成绩单</th>
    </tr>
    <tr>
        <th>姓名</th>
        <th>班级</th>
        <th>成绩</th>
    </tr>
    <tr>
        <td>张力</td>
        <td>三班</td>
        <td>85</td>
    </tr>
</table>
```

【实例说明】

从上面的实例可见 colspan 属性值表示当前单元格跨越的列数,格式为<td colspan=

"#">,#处输入列数值。

【实例 5-9】

【实例描述】

图 5-9 是三列的表格,其中第一列的单元格跨越了三行,实现了单元格纵向的合并。

【实例分析】

图 5-9 是通过以下的 html 代码实现的。

成绩单	**姓名**	张力
	班级	三班
	成绩	85

图 5-9　单元格跨越多行

```
<table border = "1">
    <tr>
      <th rowspan = "3">成绩单</th>
      <th>姓名</th>
      <td>张力</td>
    </tr>
    <tr>
      <th>班级</th>
      <td>三班</td>
    </tr>
    <tr>
      <th>成绩</th>
      <td>85</td>
    </tr>
</table>
```

【实例说明】

rowspan 属性值表示当前单元格跨越的行数,格式为<td rowspan="#">,#处输入行数值。

5.4　表格的结构标记

【实例 5-10】

【实例描述】

图 5-10 是一个四行的表格。

【实例分析】

图 5-10 是通过以下的 html 代码实现的。

姓名	班级	成绩
张力	三班	优秀
刘阳	四班	良好
学生成绩表		

图 5-10　表格结构标记

```
<table border = "1">
  <thead>
    <tr>
      <th>姓名</th><th>班级</th> <th>成绩</th>
    </tr>
  </thead>
  <tbody>
    <tr>
      <td>张力</td><td>三班</td><td>优秀</td>
    </tr>
    <tr>
      <td>刘阳</td><td>四班</td><td>良好</td>
```

```
        </tr>
      </tbody>
      <tfoot>
        <tr>
          <td colspan = "3">学生成绩表</td>
        </tr>
      </tfoot>
    </table>
```

【实例说明】

- <thead>，表的题头(Header)，指定表格题头部分的内容。
- <tbody>，表的正文(Body)，指定位于表格主体部分的内容。
- <tfoot>…</tfoot>，表的脚注(Footer)，指定位于表格脚注部分的内容。

如前所述，以上三组标记的加入，并不影响表格在页面中的显示效果，通过下面的实例进一步体会其功能。

【实例 5-11】

【实例描述】

图 5-11 是一个四行的表格。

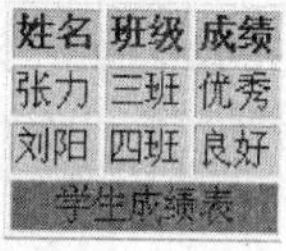

【实例分析】

图 5-11 是通过以下的 html 代码实现的。

图 5-11　表格结构标记的作用

```
<table border = "1">
  <thead bgcolor = "#33FFFF">
    <tr>
      <th>姓名</th> <th>班级</th> <th>成绩</th>
    </tr>
  </thead>
  <tbody bgcolor = "#FFCC66">
    <tr>
      <td>张力</td> <td>三班</td><td>优秀</td>
    </tr>
    <tr>
      <td>刘阳</td><td>四班</td><td>良好</td>
    </tr>
  </tbody>
  <tfoot align = "center" bgcolor = "#0099FF">
    <tr>
      <td colspan = "3">学生成绩表</td>
    </tr>
  </tfoot>
</table>
```

【实例说明】

从以上的实例可以发现，在设置整个表格主体、题头或脚注部分的属性时，表格结构标记的作用就显而易见了。只要对 thead、tbody 和 tfoot 标记的属性进行修改，就能对整个部分的所有单元格属性进行修改，从而省去了逐一修改单元格属性的麻烦，大大方便了操作。

【注意事项】

如果是在 Dreamweaver 的代码状态编辑表格,在编辑状态看不到对 thead、tbody 和 tfoot 部分修改的效果,只有在浏览状态才能看到编辑的效果。

5.5 综合实例

通过对表格的 HTML 标签及其属性标记的学习,现在综合运用以上标记制作一个美观的页面,看一看表格在页面布局中的巨大魅力。

图 5-12 综合实例

【实例 5-12】

【实例描述】

图 5-12 展示了图文混排的页面效果。

【实例分析】

相关代码如下。

```
<table border = "2" align = "center" cellspacing = "3"
  style = "background - color:#CC6633">
    <tr>
      <td colspan = "4" align = "center" valign = "middle">
      <span style = "font - size:24px;">西安特色小吃</span></td>
    </tr>
    <tr>
      <td><img src = "1.jpg" width = "100" height = "75" /></td>
      <td><img src = "2.jpg" width = "100" height = "75" /></td>
      <td><img src = "3.jpg" width = "100" height = "75" /></td>
      <td><img src = "4.jpg" width = "100" height = "75" /></td>
    </tr>
    <tr align = "center" valign = "middle">
      <td>蒸碗</td>
      <td>炒凉粉</td>
      <td>刀削面</td>
      <td>蜂蜜凉糕</td>
    </tr>
    <tr align = "center" valign = "middle">
      <td><img src = "5.jpg" width = "100" height = "75" /></td>
      <td><img src = "6.jpg" width = "100" height = "75" /></td>
      <td><img src = "7.jpg" width = "100" height = "75" /></td>
      <td><img src = "8.jpg" width = "100" height = "75" /></td>
    </tr>
    <tr align = "center" valign = "middle">
      <td>灌汤包</td>
      <td>葫芦头泡馍</td>
      <td>烤羊肉串</td>
      <td>凉皮</td>
    </tr>
  </table>
```

【实例说明】

从以上的综合实例发现,表格不仅可以清晰地显示数据,还可以实现文本、图像等网页元素在页面中的合理布局。

【注意事项】

＜span style＝"font-size:24px;"＞西安特色小吃＜/span＞此段代码把"西安特色小吃"这几个字的大小设置为24px。

5.6 习　题

在网页中用 HTML 代码完成一个三行三列的表格,设置表格边框宽为 2px,并在三行中分别插入彩色文本、超链接和图片。

表　　单

学习目标

本章主要是学习表单的功能、表单标记＜form＞、表单中常用的控件和属性等基础知识。

核心要点

➢ 表单的功能

➢ 表单标记＜form＞

➢ 表单中常用的控件和属性

6.1　表单的功能

HTML 表单(Form)是 HTML 的一个重要部分,主要用于采集和提交用户输入的信息。也就是说,网页通过表单向服务器提交信息,让用户和服务器之间进行交互,但这需要服务器端程序的支持。通过 HTML 表单的各种控件,用户可以输入文字信息,以及在选项中进行选择、提交等操作。

6.2　表单标记＜form＞

＜form＞是表单的标记,可以看做一个包含很多表单控件的容器,它的主要功能就是布局各种表单控件,让表单以友好的界面呈献给用户。基本语法结构是:

```
＜form＞
表单的内容
＜/form＞
```

【实例 6-1】

【实例描述】

现在通过一个表单输入的例子,来学习表单的基本控件,如图 6-1 所示。

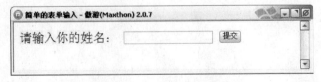

图 6-1　简单的表单输入

在文本编辑器中输入如下代码。

```
<html>
<head>
<title>简单的表单输入</title>
</head>
<body>
    <form>
        请输入你的姓名：
        <input type = "text" name = "your_name" />
        <input type = "submit" value = "提交" />
    </form>
</body>
</html>
```

【实例说明】

上面的例句 input type= "text" 就是一个表单控件，表示一个单行文本输入框。

6.3 表单中常用的控件和属性

HTML 表单中有很多常用的控件，如表 6-1 所示。

表 6-1 HTML 表单（Form）常用控件

控件标记	作用
input type="text"	单行文本输入框
input type="password "	密码输入框（输入的文字用 * 表示，以防别人偷窥）
input type="radio"	单选框
input type="checkbox"	复选框
input type="submit"	将表单里的信息提交给表单里 action 所指向的文件
input type="reset"	清除用户填的所有信息，回到初始状态
select	下拉框
textArea	多行文本输入框

1. 文本域和按钮

【实例 6-2】

【实例描述】

现在通过一个简单的登录页面，熟悉文本域和按钮，如图 6-2 所示。

【实例分析】

在文本编辑器中输入如下代码。

```
<html>
<head>
<title>简单的登录页面 </title>
</head>
<body>
    <form>
```

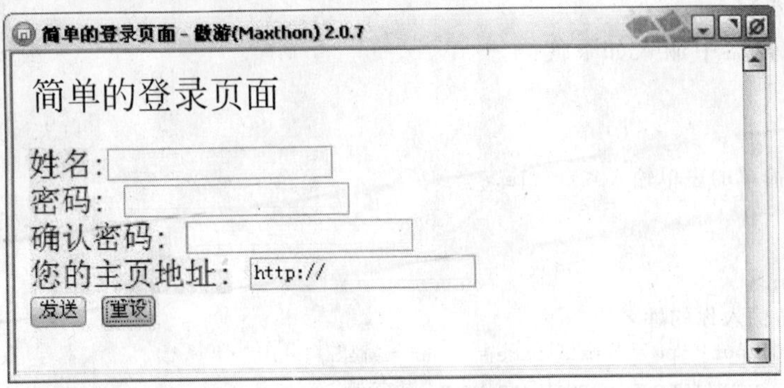

54

图 6-2　简单的登录页面

```
<h3>简单的登录页面</h3>
姓名:<input type = "text" name = "your_name" size = "20" /> <br/>
密码：<input type = "password" name = "pas" /> <br/>
确认密码：<input type = "password" name = "pas1" /> <br/>
您的主页地址：<input type = "text" name = "add" value = "http://" />
<br/>
<input type = "submit" value = "发送" />
<input type = "reset" value = "重设" />
</form>
</body>
</html>
```

【实例说明】

name=" your_name ",是设定文本域的名称,后台程序中经常会用到 name 属性。

size="数值",设定此控件显示的宽度或者长度。

value="预设内容",设定此控件的预填内容。

maxlength="数值",设定此控件可输入的最大长度。

上面的例句中,input type="password" name="pas" 就是密码框的控件,当用户输入时,会用 * 替代文字,提高安全性。

这里两个密码框的名字不同,一个是 pas,另一个是 pas1,这是为了后面表单校验的方便,可以通过对比这两个值是否一致,来判断用户两次输入的密码值是否相同。

【注意事项】

(1) 所有的控件必须放在 <form> 和 </form> 之间,不能单独存在。

(2) name 没有视觉显示,它是在服务器端调用表单信息的时候应用的。

(3) 属性中用到的引号是英文半角状态下输入的。

2. 单选按钮和复选框

利用 type="radio"就会产生单选控件,单选控件通常是罗列好几个选项供使用者选择,一次只能从中选一个,就像听收音机时同一时间只能收听一个频道的节目,这就是单选 radio 的名称的由来。

利用 type="checkbox "就会产生复选控件,复选控件通常是罗列好几个选项供使用者选择,一次可以同时选多个。

【实例 6-3】

【实例描述】

实例 6-3 是一个包含单选框和复选框的表单，显示效果如图 6-3 所示。

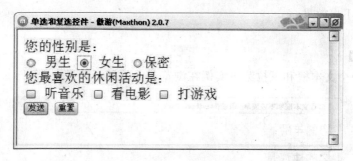

图 6-3 单选和复选控件

【实例分析】

在文本编辑器中输入如下代码。

```
<html>
<head>
<title>单选和复选控件 </title>
</head>
<body>
    <form>
            您的性别是：<br/>
        <input type = "radio" name = "sex" value = "boy" /> 男生
        <input type = "radio" name = "sex" value = "girl"
        checked = "checked" /> 女生
        <input type = "radio" name = "sex" value = "secret" />保密
          <br/>
            您最喜欢的休闲活动是：<br/>
        <input type = "checkbox" name = "enjoy" /> 听音乐
        <input type = "checkbox" name = "enjoy" /> 看电影
        <input type = "checkbox" name = "enjoy" /> 打游戏<br/>
        <input type = "submit" value = "发送" />
        <input type = "reset" value = "重置" />
    </form>
</body>
</html>
```

【实例说明】

同一组的单选按钮控件，要保持 name 的属性值一致，否则就不能保证是"单选"了。同理，同一组的多选按钮控件，也要保持 name 的属性值一致。

checked＝"checked"属性的作用是定义默认的选取项，可以减少部分用户的输入操作，提高表单界面的友好度。

3. 多行文本框和下拉菜单

有时候用户会希望输入大量的文字，此时单行文本输入控件就不够用了，可以利用文本域控件<textarea>…</textarea>来产生一个可输入多行文字的控件，两个标记之间的文

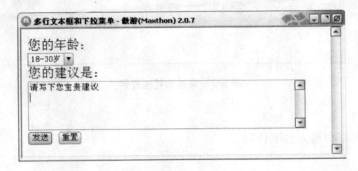

字会出现在文本框中,可作为预设的文字。

下拉菜单令整个网页看起来有很专业的感觉,应用＜select name＝"名称"＞就可以产生一个下拉菜单,另外还需要配合＜option＞标签来产生选项。value 的值供服务器端使用,在页面上看不出效果。

【实例 6-4】

【实例描述】

图 6-4 是一个文本框和下拉菜单实例在浏览器中的显示效果。

图 6-4 文本框和下拉菜单的练习

【实例分析】

在文本编辑器中输入如下代码。

```
<html>
<head>
<title>文本框和下拉菜单</title>
</head>
<body>
    <form>
        您的年龄：<br/>
        <select name = "age">
            <option>0 - 17 岁</option>
            <option selected = "selected">18 - 30 岁</option>
            <option>30 - 45 岁</option>
        </select><br/>
        您的建议是：<br/>
        <textarea name = "advice" rows = "5" cols = "60">请写下您宝贵建议
        </textarea>
        <input type = "submit" value = "发送" />
        <input type = "reset" value = "重置" />
    </form>
</body>
</html>
```

【实例说明】

＜option＞标记是下拉菜单的选择项,可以按照实际情况增减。

selected＝"selected"属性的作用是定义默认的选取项,可以减少部分用户的输入操作,提高表单界面的友好度。

6.4 综合实例

HTML 表单的一项重要功能就是采集用户的输入信息,提交到服务器,表单的两个重要属性为 action 属性和 method 属性。

为了使表单更加美观实用,设计者经常会用表格布局表单,而且添加 label 标签。

【实例 6-5】

【实例描述】

图 6-5 是一个综合实例,包含了表单提交属性的练习、运用表格布局表单和使用 label 标签提升表单可用性三个知识点。

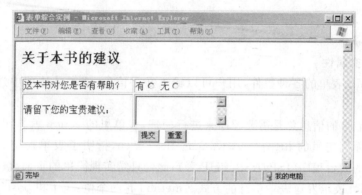

图 6-5 表单综合实例

【实例分析】

在文本编辑器中输入如下代码。

```
<html>
<head>
<title>表单综合实例</title>
</head>
<body>
  <h2>关于本书的建议</h2>
  <form action = "http://www.neusoft.edu.cn" method = "post">
    <table width = "500" border = "1">
      <tr>
        <td width = "200"><label for = "c1">这本书对您是否有帮助?
        </label></td>
        <td width = "300">
          有<input name = "c1" id = "c1" type = "radio"
          value = "radiobutton" />
          无<input type = "radio" name = "c1" value = "radiobutton" />
        </td>
      </tr>
      <tr>
        <td><label for = "sug">请留下您的宝贵建议:</label></td>
        <td>
```

```
            <textarea name = "sug" rows = "3" id = "sug"
                class = "textAreaStyle"></textarea>
        </td>
      </tr>
      <tr>
        <th colspan = "2">
        <input type = "submit" name = "submit" value = "提交">
        <input type = "reset" name = "reset" value = "重置">
        </th>
      </tr>
    </table>
  </form>
</body>
</html>
```

【实例说明】

1. 表单提交属性

通过 HTML 表单的各种控件，用户可以输入文字信息，或者从选项中选择，进行提交的操作。

用户填入表单的信息总是需要程序来进行处理，表单里的 action 就指明了处理表单信息的文件。上面例句里的 http://www.neusoft.edu.cn，指明了表单提交后的处理页面。因为没有对应的后台程序（JSP、ASP、PHP 等），此处只是实现简单的页面跳转功能。

method 属性表示发送表单信息的方式。method 有两个值：get 和 post。get 的方式是将表单控件的 name/value 信息经过编码之后，通过 URL 发送，信息量较小。而 post 则将表单的内容通过 http 发送，在地址栏看不到表单的提交信息，信息量较大。

2. 表格布局表单

表单的布局设计中，除了需要精心设计应用到表单中的各个控件，还经常需要使用表格来帮助排版。表单和表格的正确嵌套顺序是：<form><table>…</table></form>。

3. 使用 label 标签提升表单的可用性

在实例 6-5 中应用到了 label 标签，如<label for="c1">，其中的 for 属性用于指定与该标签相关联的表单控件。当 for 所指的名称和表单某控件的 id 值相同的时候，如：

```
<label for = "c1">这本书对您是否有帮助？</label></td>
<input name = "c1" id = "c1" type = "radio" value = "radiobutton" />
```

则单击"这本书对您是否有帮助？"这段文字的同时，对应的单选控件会响应。

在本实例中，无论用户单击文本还是单选按钮，单选按钮都会产生响应。

这个处理能够极大提升表单的可用性，改善表单的交互问题，推荐尽可能多地使用这个标签。

6.5 习 题

1. 请制作一个问卷调查页面，制作时请参考现实中的实例，并应用表格对表单进行布局。

2. 模仿完成如图 6-6 所示的页面。

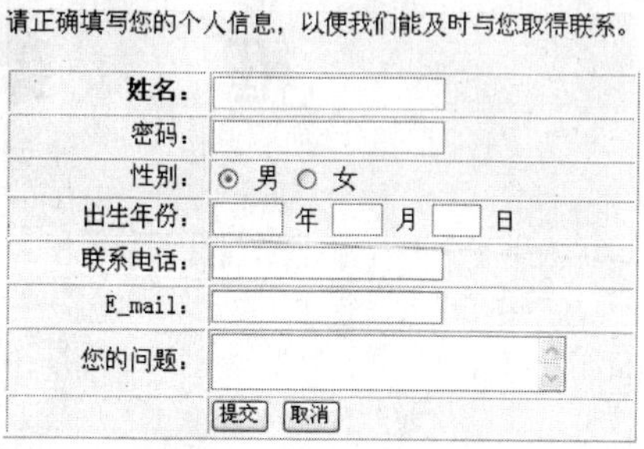

请正确填写您的个人信息，以便我们能及时与您取得联系。

姓名：	
密码：	
性别：	⊙ 男 ○ 女
出生年份：	☐ 年 ☐ 月 ☐ 日
联系电话：	
E_mail：	
您的问题：	

提交　取消

图 6-6　用户注册

第7章 框 架

学习目标

本章主要任务是学习框架的作用、如何生成框架结构、如何定义和使用单个框架以及嵌入式框架的方法。

核心要点

➤ 框架的作用

➤ 用＜frameset＞生成框架结构

➤ 用＜frame＞定义单个框架

➤ 框架页面的打开方式

➤ 用＜iframe＞定义嵌入式框架

7.1 框 架 集

图 7-1、图 7-2 和图 7-3 中的网页都使用了框架集,框架集包含了多个框架,请仔细观察,从而对框架结构和作用有感性认识。

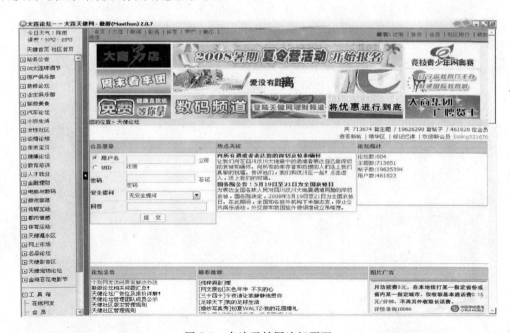

图 7-1 大连天健网论坛页面

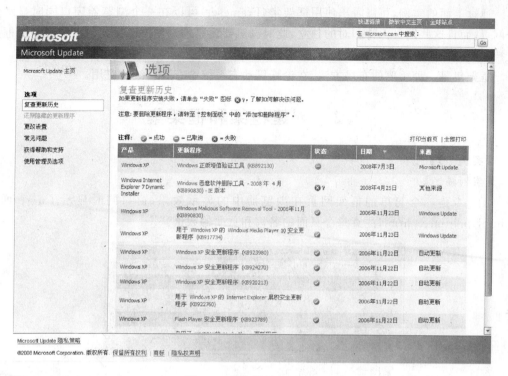

图 7-2 微软程序更新页面

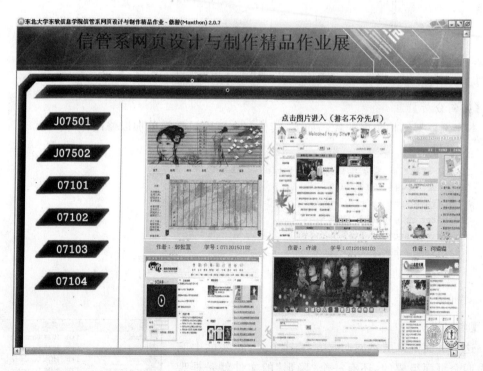

图 7-3 学生优秀作业展示页面

通过上面的实例,可以看出使用框架集(Frameset)可以在一个浏览器窗口同时显示多个网页,而且这些网页保持相对的独立,此时浏览器窗口的利用效率得到显著的提高。框架文档之间也能实现相互链接和跳转。

框架集是一种重要的布局方法,在论坛等动态系统中有着广泛的应用。

7.2 创建框架和框架集

【实例7-1】

【实例描述】

图 7-4 是一个简单的框架网页在浏览器中的显示效果,窗口同时显示了三个页面 a. html、b. html、c. html,注意每个页面的名称和页面的数量。

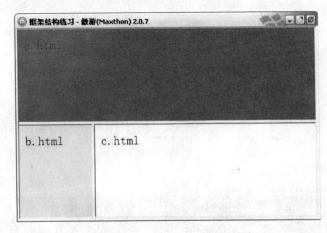

图 7-4 简单框架结构练习

【实例分析】

本实例框架结构页面的代码如下,其他三个页面只需简单加以修改即可。

```html
<html>
<head><title>框架结构练习</title></head>
<frameset rows = "50%,50%">
    <frame src = "a.html" name = "a" />
<frameset cols = "25%,75%">
    <frame src = "b.html" name = "b" />
    <frame src = "c.html" name = "c" />
</frameset>
</frameset>
</html>
```

【实例说明】

这个页面窗口虽然同时显示了三个页面,实际上它是由四个页面组成的,还有一个"隐形"的文件就是框架集页面 frame. html,文件结构如图 7-5 所示。

框架集页面 frame. html 是上面代码对应的页面,它

名称 ▲	大小	类型
a.html	1 KB	HTML Document
b.html	1 KB	HTML Document
c.html	1 KB	HTML Document
frame.html	1 KB	HTML Document

图 7-5 框架的文件结构

只负责搭建框架结构,控制浏览器窗口中各框架的布局视图,是框架的"灵魂"。

- a. html:背景颜色设为蓝色,标注自己的名称。
- b. html:背景颜色设为黄色,标注自己的名称。
- c. html:无背景颜色,标注自己的名称。

1. 用<frameset>生成框架集结构

<frameset>…</frameset>用来定义如何将一个窗口划分为多个框架。<frameset>有 cols 属性和 rows 属性。使用 cols 属性,表示按列分布单个框架窗口;使用 rows 属性,表示按行分布单个框架窗口。目前浏览器所支持的框架结构全部都是矩形。

2. 用<frame>定义单个框架

用<frame>标记可以设定单个框架页面,它有很多属性可以控制页面的外观。

(1) src 属性

<frame>里有 src 属性,src 值就是网页的路径和文件名。如 src="a. html"。

设定此框架中要显示的网页名称,每个框架一定要对应一个网页,否则就会产生错误,这里就是要填入对应网页的名称(如果网页在不同的目录,注意调用路径要写正确)。

(2) name 属性

name="a"设定这个框架的名称为 a,设置了 name 属性后才能指定这个框架作为链接目标。

(3) frameborder 属性

frameborder="0",设定框架的边框,其值只有 0 和 1 两种,0 就是不要边框,1 就是要显示边框。边框是无法调整粗细的。

(4) scrolling 属性

scrolling="no",设定是否要显示滚动条效果,yes 是要显示卷轴,no 是无论如何都不要显示,auto 是视情况而定。

(5) noresize 属性

设定使用者不可以改变这个框架窗口的大小,如果没有设定这个参数,使用者可以很容易地拖曳框架窗口,改变其大小。

(6) marginhight 属性

marginhight=4,表示框架高度部分边缘所保留的空间。

(7) marginwidth 属性

marginwidth=4,表示框架宽度部分边缘所保留的空间。

3. 框架页面中链接的打开方式

经常遇到的一种情况是,在框架 b 窗口的内部单击某个超链接,但是希望链接的内容出现在框架 c 窗口中(请参照图 7-6、图 7-7),如何实现呢?

【实例 7-2】

【实例描述】

图 7-6、图 7-7 显示框架页面中超链接的打开方式,注意体会链接代码的位置。

【实例分析】

b. html 页面的代码如下。

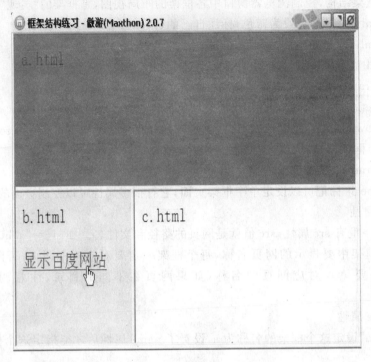

图 7-6　左页单击超链接

图 7-7　右页显示链接页面

```
<html>
<head>
<title>左边链接页面</title>
</head>
<body style = "background - color:yellow">
    b.html <br/><br/>
    <a href = "http://www.baidu.com" target = "c">显示百度网站 </a>
</body>
</html>
```

【实例说明】

这个实例的效果,主要利用超链接中的 target 属性实现,具体方法是 target = "框架名称",通过赋值不同框架窗口的名称,可以让超链接页面随心所欲地在不同的页面打开。

在框架结构的应用过程中,有时会用到下面两种 target 的打开方式。

- target = "_top"在顶层框架中打开超链接。
- target = "_parent"在当前框架的上一层里打开超链接。

7.3 用<iframe>定义嵌入式框架

iframe 是 Inline Frame 的意思,用<iframe>…</iframe>标记可以将 frame 窗口置于一个 HTML 文件的任何位置,内嵌框架完全由设计者控制宽度和高度,这极大地拓展了框架页面的应用范围。

【实例 7-3】

【实例描述】

图 7-8、图 7-9 是一个应用嵌入式框架的例子,单击超链接,在本页面"凿开一个小窗口",显示链接页面的内容。

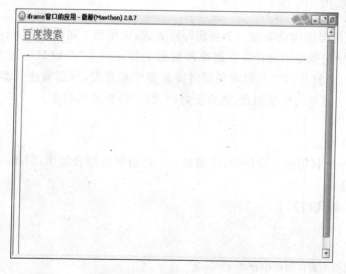

图 7-8 设置嵌入式框架页面

图 7-9　单击超链接打开小窗口

【实例分析】

嵌入式框架页面的代码如下。

```html
<html>
<head><title>iframe 窗口的应用</title>
</head>
<body>
    <a href = "http://www.baidu.com.cn" target = "aa">百度搜索</a>
    <br/><br/>
    <iframe width = "600" height = "400" name = "aa"></iframe>
</body>
</html>
```

【实例说明】

这种嵌入式框架结构只需要一个页面即可完成,也用到了超链接的 target 属性。

<iframe>标记能帮助设计者在浏览器页面上打开一个"小窗口",嵌入一张来源于其他位置的网页,而且这个内嵌框架可以同时设置宽度和高度,可以放在页面的任何位置,和<frameset>标记建立的框架相比,拥有更好的灵活性,也简单很多。

【实例 7-4】

【实例描述】

图 7-10 是一个利用嵌入式框架、表格和图片超链接的综合知识,制作小相册的实例。

【实例分析】

小相册页面的代码如下。

```html
<html>
<head>
<title>利用小窗口制作相册</title>
<body>
    <table >
```

图 7-10　利用嵌入式框架制作相册

```
  <tr>
    <td rowspan = "3"><iframe src = "1.jpg" width = "550" height = "420"
    name = "aa" ></iframe></td>
    <td><a href = "1.jpg" target = "aa"><img src = "p1.jpg"
    width = "75" height = "75"></a><br/><br/>天高云淡</td>
    <td><a href = "2.jpg" target = "aa"><img src = "p2.jpg"
      width = "75" height = "75"></a><br/><br/>山边合影</td>
  </tr>
  <tr>
    <td><a href = "3.jpg" target = "aa"><img src = "p3.jpg"
      width = "75" height = "75"></a><br/><br/>危急时刻</td>
    <td><a href = "4.jpg" target = "aa"><img src = "p4.jpg"
      width = "75" height = "75"></a><br/><br/>水流湍急</td>
  </tr>
  <tr>
    <td><a href = "5.jpg" target = "aa"><img src = "p5.jpg"
      width = "75" height = "75"></a><br/><br/>激流险滩</td>
    <td><a href = "6.jpg" target = "aa"><img src = "p6.jpg"
      width = "75" height = "75"></a><br/><br/>同舟共济</td>
  </tr>
  </table>
</body>
</html>
```

【实例说明】

　　利用三行三列的表格进行页面布局,将第一列单元格统一合并,嵌入 iframe 框架窗口,作为大图片的"展示区";右边是小图片的链接区域,单击小图片,左边 iframe 框架中迅速更新为相应的大图片,效果美观、操作简便。

7.4 习　　题

模仿图 7-11,完成一个框架页面的制作,并尽可能使其美观。要求所有超链接都能够链接到相应内容的网页。

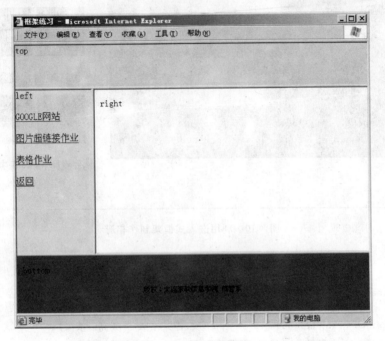

图 7-11　框架集的例图

第8章 多 媒 体

学习目标

通过本章的学习,掌握在网页中应用音频、视频、Flash等多媒体资源。

核心要点

➢ 文件的链接

➢ 嵌入方式播放音频、视频

➢ 背景音乐

➢ Object方式播放多媒体

➢ 透明背景

➢ 播放 Flash

在网页中应用的多媒体主要包括音频、视频和 Flash 等。对于音频和视频,由于其文件较大,可能影响网络传输的速度,在现实中应该考虑实际情况尽量减少在网页中的使用。

8.1 文件的链接

在网页上可以链接到其他各种类型的文件,如果浏览器支持这种文件类型,就可以在浏览器中直接打开这种文件;否则提示是否下载该文件。其实,文件链接的实现方法就是<a href="文件名"></a>,与前面章节介绍的超链接不同的是,链接的文件不是 HTML 等网页文件,而是其他类型的文件,如 Word 文档、pdf 文档、压缩文件、Excel 表格等。

【实例 8-1】

【实例描述】

实例 8-1 的显示效果如图 8-1 所示。在图 8-1 中,单击每一个图片都会链接到一个非网页类型的文件,直接在浏览器中打开或下载相应的文件。

图 8-1 文件的链接

【实例分析】

相关代码如下。

```
<html>
<head>
<title>文件链接</title>
</head>
<body>
    <div align = "center">
    <a href = "a.doc"><img src = "img/doc.jpg" /></a>
        <a href = "b.pdf"><img src = "img/pdf.jpg" /></a>
        <a href = "c.ppt"><img src = "img/ppt.jpg" /></a>
        <a href = "d.rar"><img src = "img/rar.jpg" /></a>
        <a href = "e.xls"><img src = "img/xls.jpg" /></a>
    </div>
</body>
</html>
```

【实例说明】

在网页设计的过程中,需要考虑在多种浏览器中的显示效果,之前章节的各种标签在不同浏览器中的显示效果基本相同,但在本章,需要考虑网页在不同浏览器中的显示效果。

本书主要考虑 IE 6.0、FireFox 和 Opera 三种浏览器。

单击图 8-1 所示的图片链接后在三种浏览器中出现的窗口分别如图 8-2、图 8-3 和图 8-4 所示。

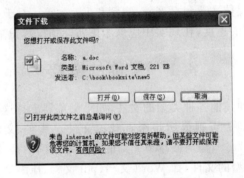

图 8-2　IE 中的文件下载窗口

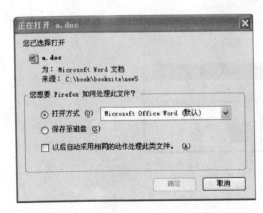

图 8-3　FireFox 中的文件下载窗口

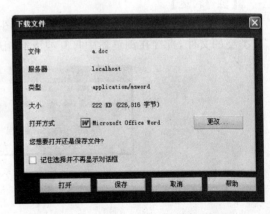

图 8-4　Opera 中的文件下载窗口

8.2 多媒体的嵌入

在网页中,可以使用 embed 标签来播放多媒体。网络中使用较多的音频格式有 mp3 等,视频的格式有 mpg、rm、wmv 等。网络中播放的视频和音频多为流媒体,即可以边下载 边播放,不需要在整个文件下载完成后再播放。

【实例 8-2】

【实例描述】

播放音频和视频的代码如实例 8-2 所示,图 8-5 给出了在浏览器中嵌入音频的显示效果,图 8-6 给出了浏览器中嵌入视频的显示效果。

图 8-5 音频的嵌入   图 8-6 视频的嵌入

【实例分析】

相关代码如下。

音频的嵌入

```
<html>
<head>
<title>多媒体的嵌入 - MP3</title>
</head>
<body bgcolor = yellow>
    <embed src = "love.mp3" width = 20 height = 10 autostart = true loop = true>
</body>
</html>
```

视频的嵌入

```
<html>
<head>
<title>多媒体的嵌入 -- mpg</title>
</head>
<body bgcolor = yellow>
    <center>
    <embed src = "back.mpg" width = 300 height = 300 autostart = true loop = true>
```

```
                        </center>
                    </body>
                    </html>
```

72

【实例说明】

在 Opera、FireFox 浏览器中也可以看到视频正常播放的画面，embed 标签在三种主要浏览器中都可以正常应用。

【实例 8-3】

【实例描述】

播放音频和视频的代码如实例 8-2 所示，图 8-7 给出了浏览器中嵌入 Flash 动画（swf）的显示效果，该实例中的 Flash 动画来自网络。

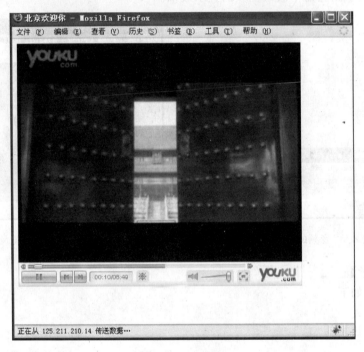

图 8-7　swf 的嵌入

【实例分析】

相关代码如下。

```
<html>
<head>
<title>北京欢迎你</title>
</head>
<body>
    <embed
        src = "http://player.youku.com/player.php/Type/Folder/Fid/1759894/Ob/1/Pt/1/sid/
        XMjY3Nzg3NzI = /v.swf"
        quality = "high" width = "480" height = "400" align = "middle" allowScriptAccess =
        "allways" mode = "transparent" type = "application/x - shockwave - flash">
    </embed>
```

```
</body>
</html>
```

【实例说明】

embed 标签的常用属性说明如表 8-1 所示。

表 8-1　embed 常用属性及含义

属性及取值举例	含　义	属性及取值举例	含　义
quality="high"	质量为高	mode(wmode)="transparent"	背景透明
width="480"	宽为 480	autostart=true	自动开始
height="400"	高为 400	loop=true	循环播放
align="middle"	居中	src="back. mpg"	播放的文件源
allowScriptAccess="allways"	允许脚本		

8.3　背 景 声 音

背景声音是常用的网页效果，声音会在浏览网页的过程中同时存在，因为声音内容多为音乐，所以通常也把背景声音称为背景音乐。

【实例 8-4】

【实例描述】

背景音乐用 bgsound 标签来实现，完整代码如实例 8-4 所示。

【实例分析】

相关代码如下。

```
<html>
<head>
<title>背景音乐</title>
</head>
<body bgcolor = yellow>
    <bgsound src = "qhc.mp3" loop = -1>
</body>
</html>
```

【实例说明】

loop=-1 表示声音无限循环播放，如果是 loop=5，则表示声音循环播放 5 次后停止。

bgsound 标签有一个缺点，它只能在 IE 中起作用，在 FireFox 和 Opera 浏览器中不能起作用。可以采用 embed 标签来代替 bgsound 播放背景声音，代码如下：

```
<embed src = "qhc.mp3" width = "0" height = "0" border = "0" autostart = "true" loop = "true">
</embed>
```

这里将控件的宽和高都设为 0，从而在浏览器中看不到控件；设置控件为自动播放，循环播放。这样通过对 embed 标签的技巧性的应用，可以实现在 IE、FireFox、Opera 浏览器中都能正常播放背景声音。

8.4 object 标签

object 标签以 ActiveX 的方式在浏览器中嵌入播放器,实现对媒体更高品质的播放和更加复杂的播放控制。

但这种方式也有它的不足之处,它要求浏览者安装相应的 ActiveX 控件,并且 FireFox 和 Opera 对 object 标签的支持不完全。

每个 ActiveX 控件的控制参数都不尽相同,可参考已有的各种播放器的代码说明。

【实例 8-5】

【实例描述】

实例 8-5 给出了播放 Flash 的典型代码。值得注意的是,在本实例中 Flash 的背景是透明的,Flash 中的空白部分可以显示网页的黑色背景,显示效果如图 8-8 所示。

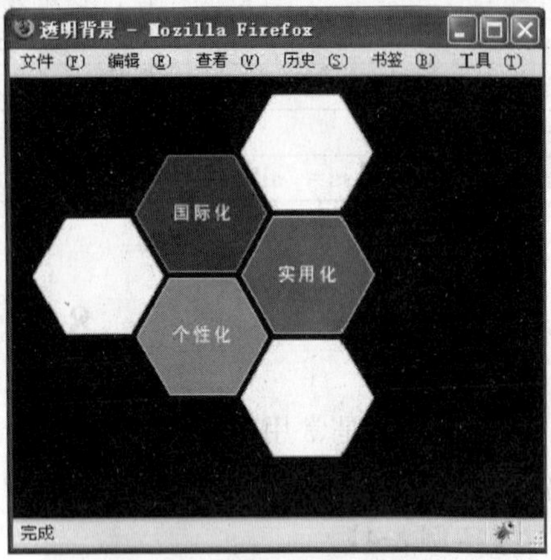

【实例分析】

相关代码如下。

图 8-8 Flash 的透明背景

```html
<html>
<head>
<title>透明背景</title>
</head>
<body bgcolor = " # 000000">
    < object classid = " clsid: D27CDB6E - AE6D - 11cf - 96B8 - 444553540000" codebase =
                    "http://download. macromedia. com/pub/shockwave/cabs/flash/swflash.
                    cab # version = 7,0,19,0" width = "270" heiqht = "270">
        <param name = "movie" value = "intro. swf" />
        <param name = "quality" value = "high" />
        <param name = "wmode" value = "transparent" />
        <embed src = "intro. swf" width = "270" height = "270" quality = "high" pluginspage =
                "http:// www. macromedia. com/go/getflashplayer" type = " application/x -
                shockwave - flash" wmode = "transparent"></embed>
    </object>
</body>
</html>
```

【实例说明】

Flash 是流行的网络动画,在网页设计的过程中有着广泛的应用,它体积相对较小,可以边下载边播放。现在也有很多网站把视频转化成体积较小的 Flash 动画在线播放。在网页中应用的 Flash 动画文件的扩展名是 swf。

在 Dreamweaver 中可以方便地插入 Flash,自动生成上述代码。本实例的目的是使读者熟悉 object 标签的用法,param(parameter,参数)给出了参数名称,value 给出了参数的值,object 标签通过 param 对多媒体的播放进行复杂的控制,其中 classid 是控件的唯一标记。

通过 object 标签,可以在网页中嵌入 Windows Media Player、Real Player 等播放器,用

户在使用这些播放器的时候必须知道其 classid、参数名称及取值规范,这些信息都可以很方便地得到。

object 标签在 IE 之外的浏览器中没有得到很好的支持,所以上面的代码中还包含了embed 标签,既提高 IE 中的显示效果,又兼顾了其他浏览器。

透明背景需要增加额外的属性,即 object 增加参数＜param name＝"wmode" value＝"transparent" ／＞,embed 增加属性 wmode＝"transparent"。

8.5　Flash

可以使用 Dreamweaver 工具方便地插入 Flash 动画,Dreamweaver 是自动生成 HTML代码的工具,可以大大提高网页的制作效率。可以把本节看做正式学习 Dreamweaver 前的一个预习课。

安装完成 Dreamweaver 后,单击菜单中的【插入】▸【媒体】→【Flash】,选择要插入的SWF 文件即可,如图 8-9 所示。

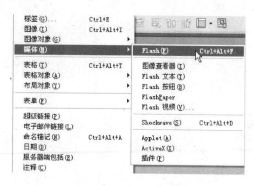

图 8-9　在 Dreamweaver 中插入 Flash

可以在属性窗口中设置 Flash 的宽、高等相关信息,如图 8-10 所示。

图 8-10　Flash 属性设置窗口

在 Dreamweaver 中设置 Flash 为透明背景,可以单击图 8-10 中的参数按钮,进行如图 8-11 所示的设置。

图 8-11　在 Dreamweaver 中设置 Flash 透明背景

8.6 习　　题

1. 安装 Dreamweaver 8 或 Dreamweaver CS3，并尝试在 Dreamweaver 中插入 Flash。

2. 模仿实例 8-3，在网页中嵌入 http://www.youku.com/等网络视频网站提供的视频。

第 二 篇

Dreamweaver

本篇主要介绍了 Dreamweaver 基础、表格布局、模板与库、层与行为等基本知识以及在这些知识的基础上设计完成的相关实例和功能。主要内容包括：

- Dreamweaver 基础
- 表格布局
- 模板与库
- 层与行为

第9章　Dreamweaver 基础

学习目标

通过本章的学习，能够熟练使用 Dreamweaver，掌握站点、文档、图像、链接、表格、框架及表单等基本知识，并且能够利用该软件制作和编辑 Web 页面。

核心要点

➢ 站点

➢ 文本和图像

➢ 链接

➢ 表格

➢ 框架

➢ 表单

Dreamweaver 是美国 Macromedia 公司推出的一款专业级 HTML 编辑器，用于对 Web 站点、Web 页和 Web 应用程序进行设计、编码和开发，是一个制作主页的好工具。有些人可能会说，我既不懂 HTML，也没学过程序设计，能学会吗？其实，读者完全不用担心，Dreamweaver 是一个可视化的网页制作工具，很容易上手，使用时就像 Word 排版一样简单。它既可以在可视化的编辑环境中开展页面的制作工作，又可以通过它提供的 HTML 代码编辑器来手工编写 HTML 代码。在 Dreamweaver 中提供了两种视图：代码视图和设计视图，读者可以一边编写代码一边查看网页，网页和代码同在一个界面中，这种新功能能解决了网页设计者的困扰。这样，既能产生干净而准确的 HTML 代码，又可以立刻看到视图的设计效果，同时达到网页编辑的准确性和直观性要求。代码视图和设计视图这两者的完美结合，为 Web 页的制作提供了强有力的工具，也使 Dreamweaver 成为 Web 页制作的优秀工具。在 Dreamweaver 中包含了代码编辑与测试工具，这就可以直接编辑 HTML 代码，还可以编辑 JavaScript 脚本、XML 以及其他非 HTML 代码，这对于制作和测试 Web 页非常有帮助。

本章将带领读者认识 Dreamweaver，了解该软件的用途及其工作界面，学习利用 Dreamweaver 编辑和制作 Web 页。

9.1　Dreamweaver 运行环境

1. Dreamweaver 操作界面

在 Windows 中启动 Dreamweaver，进入了 Dreamweaver 的起始界面，如图 9-1 所示。

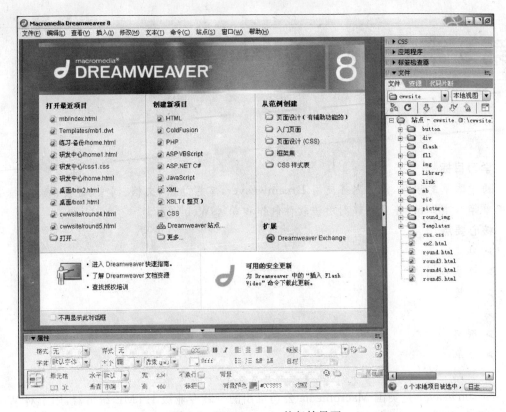

图 9-1　Dreamweaver 的起始界面

在起始界面中,可以打开最近使用过的项目,创建各种类型的新项目以及从范例创建各种页面所需的元素。在"创建新项目"下,单击 HTML,进入页面编辑窗口,如图 9-2 所示。

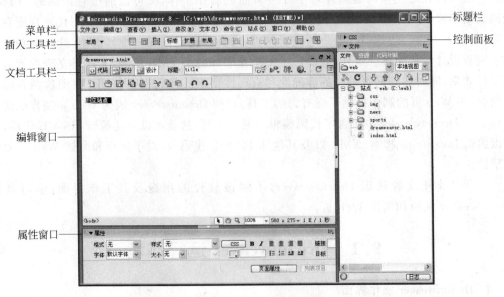

图 9-2　Dreamweaver 的页面编辑窗口

（1）菜单栏

同其他多数软件类似，Dreamweaver 的菜单栏位于工作环境最上方，包括各种菜单项。在以后的内容中，将向读者具体介绍各个菜单的用途。

（2）插入工具栏

插入工具栏能让读者在网页中插入图像、表格、Flash 动画等元素，是非常重要的工具栏。单击插入工具栏最左边的弹出式菜单，可切换选用不同类型的网页元素，默认是“常用”工具栏。

（3）文档工具栏

文档工具栏包含各种视图转换按钮以及一些常用的文本操作按钮，用于实现文档工作布局的切换、网页的预览和视图的选择等操作。

（4）编辑窗口

Dreamweaver 的编辑窗口用于显示当前正在创建或者编辑的文档，与 Word 文本处理程序中的文件一样，将文本插入点移入文件中，就可以开始在这里输入文本进行编辑了。

（5）属性面板

属性面板用于查看、设置和更改所选对象的各种属性，其中的属性参数会随着选取对象的不同而不同。

（6）控制面板

控制面板位于 Dreamweaver 工作界面右侧，利用它可以为页面添加更多的动态效果，更方便使用者操作。它主要包括设计面板、代码面板、应用程序面板、标签检查器面板、文件面板等，用户可以根据需要随时隐藏或显示这些面板。

2. 站点的建立

在制作网页时，应该养成首先定义一个站点的好习惯，这样有利于文件的存放以及网站结构和内容的管理。规划好站点是搭建出清晰网络结构的前提。

下面就来系统地学习一个网站的建立过程吧。

【实例 9-1】

【实例描述】

创建站点。

【实例分析】

使用 Dreamweaver 创建站点的方法主要有以下三种：

（1）在 Dreamweaver “起始画面”中的“创建新项目”下，单击按钮 Dreamweaver 站点… 。

（2）在【文件】面板中单击【管理站点】按钮，弹出如图 9-3 所示的对话框，单击对话框中的【新建】→【站点】。

（3）选择菜单栏中的【站点】→【管理站点】命令，弹出如图 9-3 所示的对话框，单击对话框中的【新建】→【站点】。

这三种方法都使用了 Dreamweaver 的创建站点向导。创建站点的具体操作步骤如下：

步骤 1 按照上述三种方法中的任意一种打开【站点定义】对话框，在其中的文本框中，输入一个名称，以在

图 9-3 管理站点界面

Dreamweaver 中表示该站点。该名称可以是任何所需的名称。例如,这里将站点命名为 mysite,这时该对话框的名称也变为 **mysite 的站点定义为**,如图 9-4 所示。

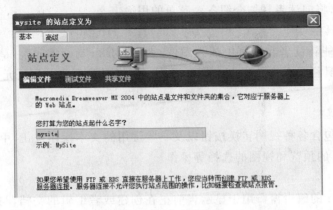

图 9-4　站点定义名称

步骤 2　单击【下一步】按钮进入下一个步骤。选择【否】选项指示目前站点是一个静态站点,没有动态页,如图 9-5 所示。单击【下一步】按钮,弹出如图 9-6 所示的对话框。

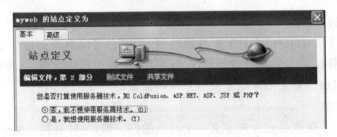

图 9-5　选择是否使用服务器技术

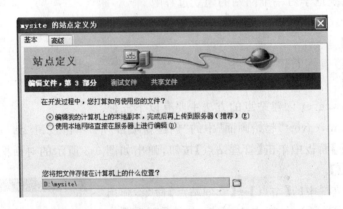

图 9-6　指定站点位置

步骤 3　单击文本框旁边的文件夹图标,指定一个空的文件夹。然后单击【下一步】按钮设置与远程服务器的连接,如图 9-7 所示。如何设置与远程服务器的连接将在第 20 章介绍,这里先选择【无】。

步骤 4　单击【下一步】按钮,在如图 9-8 所示的面板中将显示刚才网站的设置摘要。单

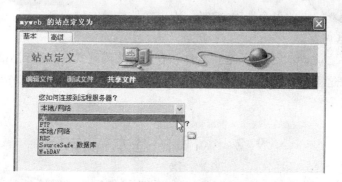

图 9-7　不连接到远程服务器

击【完成】按钮完成设置。目前,本地站点的信息对于创建页面已经足够了。

这时,在文件面板中显示站点中的所有文件和文件夹,但是目前站点中不包含任何文件或文件夹,如图 9-9 所示。

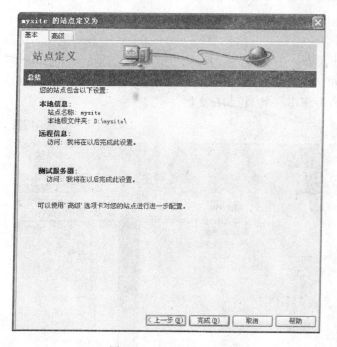

图 9-8　显示设置概要

图 9-9　文件面板

【实例说明】

在 Dreamweaver 中,站点不仅可以表示 Web 站点,还可以表示 Web 站点中文档的本地存储位置。在开始构建 Web 站点之前,用户需要先创建站点文档的本地存储位置,利用 Dreamweaver 中的站点可以管理与 Web 站点相关的所有文档、跟踪和维护链接、管理文件、共享文件,还可将站点文件传输到 Web 服务器上。

【注意事项】

在本例【mysite 的站点定义为】对话框中,提供了【基本】和【高级】两个选项卡,上面使用的是【基本】选项卡,用户也可以使用【高级】选项卡创建站点,使用【高级】选项卡创建站点

Dreamweaver 基础

可以更详细地设置站点的各个选项,包括站点中文件放置的位置等。

3. 创建站点内容

创建新文件之前,可以将相关范例文件和收集来的网站素材复制到网站文件夹中,供网页设计使用。在这里需要放在 D:\mysite 文件夹下,做完了上述准备工作,就可以开始网页制作的梦幻之旅了。

9.2 网页的基本操作

在熟悉了 Dreamweaver 的工作环境以后,本节将带领读者系统地学习网页的新建、保存,以及网页中文本和图像的编辑、对象的插入和超链接的使用。

9.2.1 网页的创建与保存

网页是构成网站的基础,在这里将学习如何创建网页以及如何根据需要选择不同的方式保存网页。

1. 网页的创建

网页的创建一般有以下 3 种方法:

(1) 启动 Dreamweaver,弹出一个开始页面,如图 9-10 所示。在该开始页面的【创建新项目】选区中选择 HTML 选项即可新建一个 HTML 文档。

图 9-10 开始页面

（2）在菜单栏中选择【文件】→【新建】命令，弹出【新建文档】对话框，如图 9-11 所示。该对话框提供了【常规】和【模板】两个选项卡，打开【常规】选项卡，在【类别】选项区中选择一种基本页类型，然后在【基本页】选项区中选择 HTML，最后单击【创建】按钮即可。

（3）在站点中建立新文档，如图 9-12 所示。打开一个站点，在【文件】控制面板中用鼠标右键单击站点目录，在弹出的快捷菜单中选择【新建文件】命令即可。

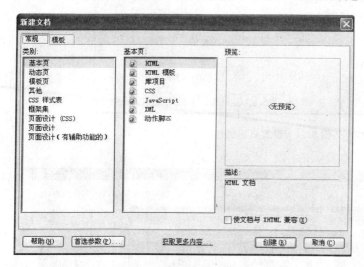

图 9-11　【新建文档】对话框

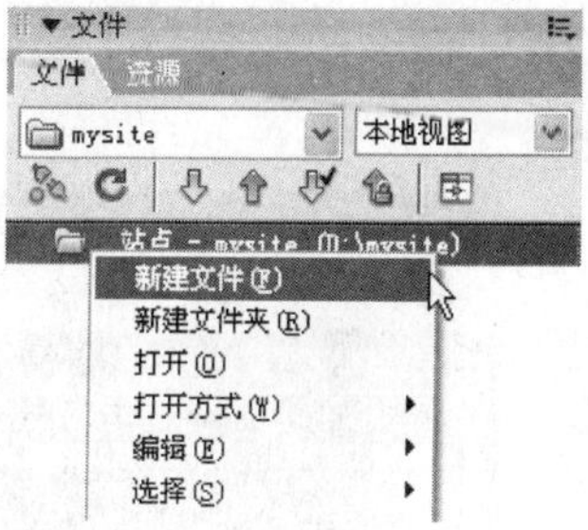

图 9-12　在站点中建立新文档

2. 设置页面标题

新建一个页面，命名为 index. htm，进入页面的编辑窗口中。在【标题】文本框中，如图 9-13 所示，输入该页的标题，如"冬日的阳光"，然后按 Enter 键完成页面标题的更新。

图 9-13　设置页面标题

3. 设置页面属性

通过"页面属性"对话框可以设置页面的字体、字体大小、背景颜色、背景图像、链接样式和跟踪图像等。选择菜单中【修改】→【页面属性】命令，弹出【页面属性】对话框，如图 9-14 所示。

（1）背景图片和背景颜色

选择【页面属性】对话框中的【外观】选项，可以设置页面的背景图片和背景颜色等。

Dreamweaver 只支持 JPG、GIF 和 PNG 格式的图片，如果想使用其他格式的图片做背景图片，则需要使用图像处理软件将其格式转换成 Dreamweaver 支持的格式。

页面的背景图片与背景颜色不能同时显示，如果同时在页面中设置背景图片与背景颜色，则在浏览页面时只显示背景图片。

现在我们为网页添加背景。单击背景图像对话框右面的【浏览】按钮，从本机中找一幅图片，单击【确定】按钮之后，显示如图 9-15 所示。

Dreamweaver 基础

86

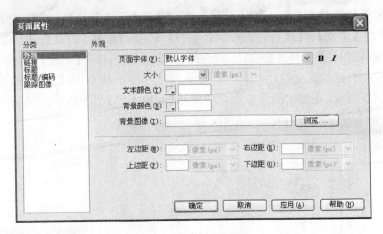

图 9-14 设置页面属性

图 9-15 设置了背景的页面

（2）链接字体颜色

选择【页面属性】对话框中的【链接】选项，可在其中设置链接文本的字体、大小和颜色。

（3）标题字体颜色

选择【页面属性】对话框中的【标题】选项，可在其中设置标题文本的字体、大小和颜色。

（4）网页标题和编码

选择【页面属性】对话框中的【标题/编码】选项，设置页面的标题和编码，Dreamweaver 既支持英文标题，也支持中文标题。

（5）跟踪图像

选择【页面属性】对话框中的【跟踪图像】选项，设置页面的跟踪图像，设置跟踪图像可在页面排版时更容易地将各种对象放在规划好的位置上。

【注意事项】

如果在一个页面中同时设置了背景图片、背景颜色和跟踪图像，则在编辑窗口中只能看到跟踪图像，但在浏览页面时，跟踪图像不显示。

默认情况下，跟踪图像的透明度是 0%，不透明度是 100%，即跟踪图像正常显示。如果要设置跟踪图像的透明度，只需拖动图片后面的游标即可。

4. 网页的保存

用户将页面编辑完成后一定要保存。对于新建的页面可以选择【文件】→【保存】命令，在弹出的【另存为】对话框中选择要保存文件的路径、文件名，默认的文件类型为 .htm 或 .html。

用户将已有的页面文件打开，经过修改后，若要按原文件名保存，可以选择【文件】→【保存】命令，此时不出现对话框；如果要以新的文件名保存该文件，则可以选择【文件】→【另存为】命令，弹出【另存为】对话框，重新确定新的文件名和保存的路径。

9.2.2　网页文本的编辑

文本是网页的基础，也是一个网页传递信息的主要载体。文本的字体、大小、颜色和样式等属性直接影响了页面的美观。文本具有信息量大、编辑方便和容易被浏览器下载等优点，在网页中被大量地使用。

在 Dreamweaver 中输入文本与在其他文本编辑软件中一样，只需将光标定位在要插入文本的位置，然后直接输入所需的文本内容即可。用户还可以通过复制/粘贴的办法将其他文件中的文本粘贴到 Dreamweaver 中。

现在，直接在编辑窗口中输入文字，如图 9-16 所示。

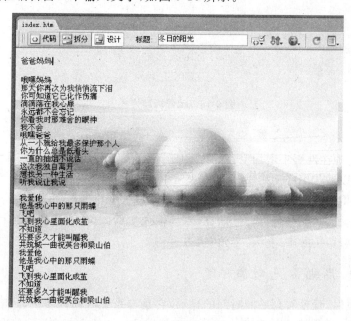

图 9-16　输入文字

1. 设置字体属性

输入文本后,可以在【属性】面板中设置文本的字体属性和段落属性。

字体属性包括文本的字体、大小、颜色和样式等属性。在编辑网页的时候,系统安装了许多字体供编辑者任意使用,但若用户的系统中并无选用的字体,就只能以系统默认字体显示。

选中网页第一行的标题文字,在下面的属性面板中,根据自己的喜好设置字体、字号、颜色等,如图 9-17 所示。

图 9-17　设置字体属性

要使文本换行,可以用键盘操作,按 Enter 键或 Enter＋Shift 快捷键均可实现文本换行。若按 Enter 键,文本会另起一段,换行的行距较大,而按 Enter＋Shift 快捷键,文本不会另起一段,换行的行距比较小,可以根据需要自行选择。

除了字体、大小和颜色以外,还可以对文本的加粗 **B** 、斜体 _I_ 和对齐方式 等进行设置。

2. 设置段落格式

除了可以对文本的字体进行属性设置外,还可以对文本的段落属性进行控制。系统共提供 6 级标题的设定,如图 9-18 所示,每级标题的字体大小依次递减,每级标题字符的大小没有固定的值,由浏览器决定。按"Ctrl＋相应标题级数"可快速定义标题。

图 9-18　设置标题样式

【小技巧】

下面提供 3 种在网页中增加空格的方法:

方法 1:可以在代码中使用 ,表示空格。

方法 2:使用快捷方式:Ctrl＋Shift＋空格键,插入空格。

方法 3:把输入法调整为"全角"状态,直接输入空格即可,不过注意进行其他操作的时候,需要把输入法切换回来,变为"半角"状态。

9.2.3　插入其他常见对象

在浏览网页时,经常看到一些时间的显示,它是与系统时间同步的,还有一些用来美化页面的水平线等,这些都是在 Dreamweaver 中使用的一些插入对象,下面就来学习日期、特殊字符、水平线和空格对象的插入方法。

1. 插入日期

由于页面需要不断更新,其日期也会经常变化,为了让浏览者感觉到消息的及时性,最好在适当的地方输入更新日期。

Dreamweaver 为用户提供了一个方便的日期对象,使用该对象可以用多种格式插入当前日期,还可以在每次保存文件时都自动更新该日期。

向页面中插入日期的具体操作步骤如下:

步骤 1 将光标定位在要插入日期的位置。

步骤 2 单击【插入】面板中的【常用】面板中的【日期】按钮 ，如图 9-19 所示,弹出【插入日期】对话框,如图 9-20 所示。

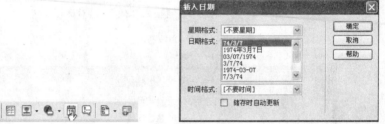

图 9-19　单击【日期】按钮　　　　图 9-20　【插入日期】对话框

步骤 3 在对话框中设置相应选项,单击【确定】按钮,即可将当前日期插入到页面中。

2. 插入特殊字符

在实际操作中,往往需要插入许多无法直接输入的特殊字符,这些字符在其他编辑器中是很难输入的,但在 Dreamweaver 中却非常容易。具体操作步骤如下:

步骤 1 将光标定位在要插入特殊字符的位置。

步骤 2 在【插入】面板中的【文本】面板中直接单击要插入的特殊字符按钮。如果在该面板中没有找到需要插入的字符,则可单击该面板中的【其他字符】按钮 ，如图 9-21 所示,弹出【插入其他字符】对话框,如图 9-22 所示。

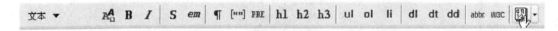

图 9-21　单击【其他字符】按钮

步骤 3 在【插入其他字符】对话框中选择需要插入的对象,单击【确定】按钮即可。

3. 插入水平线

水平线一般用来分割文档内容,使文档结构清晰,便于浏览。还可以增加美感。插入水平线的操作步骤如下:

步骤 1 将光标定位在要插入水平线的位置。

步骤 2 单击【插入】面板中的 HTML 面板中的【水平线】按钮 ，则在页面中插入一条水平线,如图 9-23 所示。

图 9-22 【插入其他字符】对话框

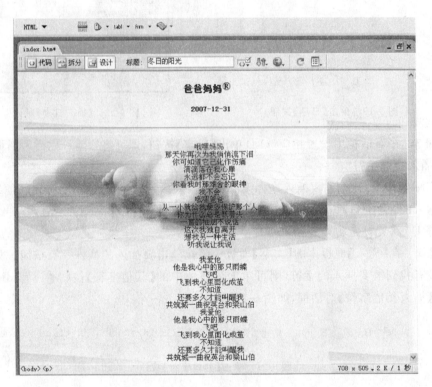

图 9-23 插入水平线

步骤 3 选中水平线,在【属性】面板中可以查看并设置水平线的相关属性,如图 9-24 所示。

图 9-24 【属性】面板

4. 插入空格

在一般的文本编辑软件(如 Word、WPS)中插入空格时,只需按下键盘中的空格键即可。但是在 Dreamweaver 中按下空格键只能空出一个字符的位置,如果要空出一个中文文字的位置该怎样办呢? Dreamweaver 为我们提供了插入空格的方法,具体操作步骤如下:

步骤 1 将光标定位在要插入空格的位置。

步骤 2 单击【插入】面板中的【文本】面板中的【不换行空格】按钮 ⏚ ▾(如图 9-25 所示),则在页面中插入一个空格。如果要继续插入空格,则直接单击【不换行空格】按钮即可。每单击一次该按钮可以空出一个字符的位置,如果要空出一个中文文字的位置,必须单击两次该按钮。

图 9-25　单击【不换行空格】按钮

9.3　图　　像

一个只有文本内容的页面是不能吸引浏览者的,适当地在页面中插入一些相关图像,可以增加页面的活力和美感。另外,图像还能形象地说明一些具体问题,是对文本内容的重要补充。

在计算机中,图像主要分为位图和矢量图两种。位图也称点阵图,其图像是由一个个单独的像素点组成的,每个像素点都有特定的位置和颜色值。如果用户将图像放大到一定程度,将出现类似于马赛克的效果,使图像失真。矢量图是由一些数学方式描述的曲线组成的,其基本组成单元是锚点和路径,与分辨率无关,图像可以任意放大,也不会出现失真现象。

在网页中常用的图像格式有 3 种:JPEG、GIF 和 PNG。现在只有 JPEG 和 GIF 格式的图像才能被绝大多数的浏览器完全支持。Microsoft IE(4.0 及以上版本)和 Netscape Navigator(4.04 及以上版本)还支持 PNG 格式的图像。使用 JPEG 和 GIF 格式图片的网页能得到更广泛的浏览器支持,除非站点是专门针对支持 PNG 格式图片浏览器的使用者,一般不宜在页面上放置 PNG 格式的图片。在 Dreamweaver 文档中,JPEG、GIF 和 PNG 图片都可以加入。这些图片既可以直接放在页面上,也可以放在表格、表单以及层里面。

9.3.1　插入图像

在 Dreamweaver 中,既可以插入普通的图像,也可以插入交互式图像。

1. 插入普通图像

将图像插入网页的方法有如下几种:

(1) 单击【插入】面板中的【常用】面板中的【图像】按钮 🖼 ▾。

(2) 选择菜单栏上【插入】→【图像】的命令,或按 Ctrl+Alt+I 键。

使用上面两种方法都会打开如图 9-26 所示的对话框,询问图像的来源。

Dreamweaver 基础

图 9-26 【选择图像源文件】对话框

此外,也可以采用拖放的方法,从 Dreamweaver 窗口之外(如桌面)把图像拖入文件窗口中。或者把放在 Dreamweaver【文件】或【资源】面板里的图像文件拖入文件窗口中,如图 9-27 所示。

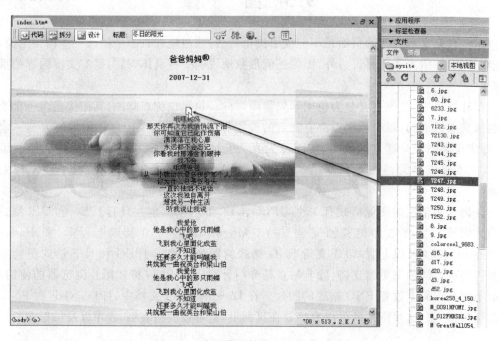

图 9-27 将图像文件拖入文件窗口中

将文本插入点移到想要插入图片的地方,然后采用上述方法中的任意一种即可插入普通图像,如图 9-28 所示。

在 Dreamweaver 中插入图像后,系统会在 HTML 中自动生成对该图像文件的引用,要确保引用正确,最好将图像文件保存到当前站点内,如果不在当前站点内,预览时图片可能会无法正确显示。

图 9-28　浏览器中预览结果

2. 插入交互式图像

交互式图像,指当鼠标经过一幅图像时,它会变为另外一幅图像,因此交互式图像需要由两幅图组成:一幅初始图和一幅替换图。

【实例 9-2】

【实例描述】

插入交互式图像。

【实例分析】

步骤 1　将光标定位到插入图像的位置。

步骤 2　选择菜单栏中【插入】→【图像对象】→【鼠标经过图像】命令,或单击【插入】面板中的【常用】面板中的【鼠标经过图像】按钮 ，弹出【插入鼠标经过图像】对话框,如图 9-29 所示。

图 9-29　【插入鼠标经过图像】对话框

Dreamweaver 基础

步骤 3 在【图像名称】文本框中输入图像的名称。在【原始图像】文本框中输入初始图像的存储路径和名称，或单击右边的【浏览】按钮，选择鼠标经过前的图像。用同样的方法可以设置鼠标经过后的图像。

步骤 4 选中【预载鼠标经过图像】复选框，Dreamweaver 会将图像预载入浏览器缓冲区中；在【替换文本】文本框中输入交互文本；在【按下时，前往的 URL】文本框中输入链接地址。

步骤 5 单击【确定】按钮，即可插入交互式图像。

步骤 6 按 F12 键预览，当鼠标指针经过图片时，会显示替换图像。图 9-30 为鼠标经过前的图像，图 9-31 为鼠标经过后的图像。

图 9-30 鼠标经过前的图像

【实例说明】

用于创建交互式图像的两幅图像大小必须相同，如果图像大小不同，Dreamweaver 会自动调整第二幅图的大小，使之与第一幅图相匹配。

9.3.2 设置图像属性

1. 设置图像替代文本

在属性面板中可以给图像赋予最常用的设置，在【替代】文本框中输入在只显示文本的浏览器或已设置为手动下载图像的浏览器中代替图像显示的替代文本，如"冬日的阳光"。这样，在按下 F12 键预览页面后，当鼠标指向图像的时候，就会出现这一段提示文字，如图 9-32 所示。

图 9-31　鼠标经过后的图像

图 9-32　设置替代文本

2. 设置图像边框

在属性面板中还可以通过【边框】文本框来设置图像边框的宽度，可输入数值，单位是像素。Dreamweaver 默认图像边框宽度是 0，也就是没有图像边框。图 9-33 是将边框设置为 3 时的效果。

3. 图像的裁剪

如果直接在网页中插入一张没有在图像处理软件中处理过的图片，可用 Dreamweaver 中的图像裁剪工具进行裁剪。选择需要裁剪的图片，然后单击属性面板中的【裁剪】按钮，在要裁剪的图像上单击将会出现 8 个控制点，拖动控制点，选择预留区域，最后双击图像即可。

图 9-33　设置图像边框

9.3.3　图像文字的混排

用户可以将插入的图像按照某种方式与网页中的文本、插件或其他对象对齐。在 Dreamweaver 的属性面板中单击【对齐】右侧的下三角按钮，弹出的下拉列表中包含【默认值】、【基线】、【顶端】、【居中】、【底部】、【文本上方】、【绝对居中】、【绝对底部】、【左对齐】和【右对齐】10 种对齐格式。选择【左对齐】，如图 9-34 所示。

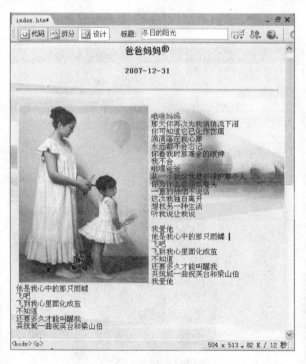

图 9-34　图像左对齐

为了使图像和文字之间的间距不致太过紧密，可以在属性面板中设置【垂直边距】和【水平边距】，其中，【垂直边距】沿图像的顶部和底部添加边距，【水平边距】沿图像左侧和右侧添加边距。

9.4 建立网页链接

实现超链接的方法有许多种,如在 Dreamweaver 的链接栏中直接输入链接文档的存储路径和名称;在记事本中可通过编写 HTML 语言添加链接脚本实现对象链接,实质上都是通过 HTML 语言添加链接脚本来实现的。

1. 创建内部链接

内部超链接是网站制作的重要技术。创建内部超链接,就是在同一个站点的不同网页之间建立文件的相互联系。在网页中不仅可以给文字添加超链接,同时也可以给图片、声音和视频添加超链接。

选中页面中的文字或图像之后,直接在属性面板中单击【链接】文本框右侧的文件夹图标,通过浏览选择站点根文件夹中的一个文件,该文件可以是一个网页,也可以是一个 Word 文档。例如,在这里选择 Topic 1 作为链接文字,选择 model 文件夹里的 topic1.html 文件作为链接目标,如图 9-35 所示。

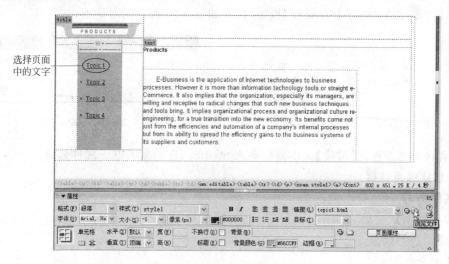

图 9-35 链接文件

这里也可以使用拖动鼠标指向文件的方法,拖动【链接】按钮 ⊕ 到站点面板上的相应网页文件,就会链接到这个网页,如图 9-36 所示,拖动鼠标时会出现一条带箭头的线,指示要拖动的位置。指向文件后只需释放鼠标,即会自动生成链接。

2. 创建外部链接

外部超链接是指将本站点的某个对象链接到其他网站。Internet 上的链接目标非常多,但使用最多的外部超链接是链接到 WWW 网站的超链接。其创建链接的方法是在文本框中以 http:// 开头,然后填写链接的网址。如 http://www.sina.com.cn,如图 9-37 所示。设置外部超链接可以有效地增强网站的交互性。

3. 创建 E-mail 链接

在网页上创建 E-mail 链接,可以方便用户反馈意见。创建后,用户浏览网页时可单击

Dreamweaver 基础

98

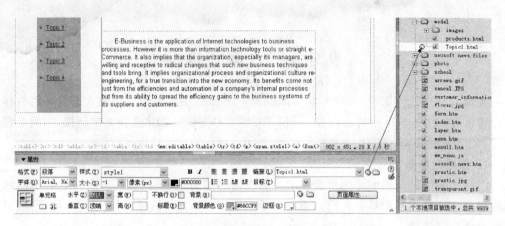

图 9-36　拖动指向链接页面

E-mail 链接,该链接可以自动打开操作系统默认的邮件发送程序,用户无须输入收件人地址就能发送邮件,例如 Windows 系统的 Outlook Express 邮件发送程序。

　　E-mail 超链接既可以建立在文字上,也可以建立在图像上。选择插入栏中的【常用】选项卡,然后单击【插入电子邮件链接】按钮,打开如图 9-38 所示的对话框。

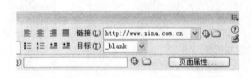

图 9-37　输入外部链接地址

图 9-38　插入 E-mail 链接

或者在属性面板的【链接】文本框中输入 mailto:,后面输入电子邮件地址。

4. 创建锚点链接

【实例 9 3】

【实例描述】

创建锚点链接。

【实例分析】

创建锚点链接的过程分为两步,首先创建并命名锚记,然后创建指向命名锚记的链接。具体步骤如下:

步骤 1　打开要创建锚点链接的文档,将光标定位到需要快速查找的内容上。

步骤 2　选择【插入】→【命名锚记】命令,弹出【命名锚记】对话框,如图 9-39 所示。

步骤 3　输入锚记点的名称 name,单击【确定】按钮,这时就创建了一个锚点。

步骤 4　在文档中选择要建立锚点链接的文字或图片。

步骤 5　打开【属性】面板,在【链接】文本框中输入 ♯和锚记点的名称,本例中输入的是 name,如图 9-40 所示。

步骤 6　单击 F12 键,浏览网页,单击【链接】按钮,页面可跳转到插入锚记点的位置。

图 9-39　【命名锚记】对话框

图 9-40 输入锚记链接名称

【实例说明】

在页中添加锚点可快速查看当前文档中指定的内
容,更方便查找网页中的信息,提高查找速度。锚点链接就是在网页中设置锚记标签位置,
在设置的同时给锚记点命名,这样可以方便利用锚记点进行查询。

5. 创建图像地图

【实例 9-4】

【实例描述】

创建图像地图。

【实例分析】

步骤 1 在【文档】窗口中,选择图像。

步骤 2 在属性面板中选择地图下面的椭圆工具,并将鼠标指针拖至图像上,创建一个
圆形热点。选择矩形工具,并将鼠标指针拖至图像上,创建一个矩形热点。选择多边形工
具,在各个热点上单击一下,定义一个不规则形状的热点,然后单击选择工具封闭此形状。

步骤 3 接下来可以为绘制的每一个热点区域设置不同的链接地址和替代文字,这样
就实现了图像地图,如图 9-41 所示。

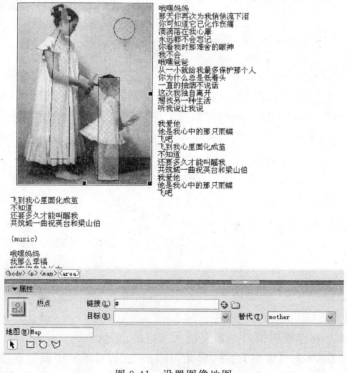

图 9-41 设置图像地图

按下 F12 键预览后,当鼠标指向不同的区域时,就会出现替代文字,单击后可以访问不同的链接地址,如图 9-42 所示。

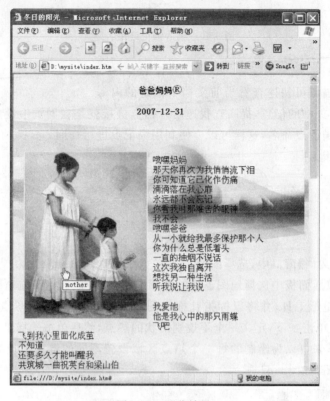

图 9-42　预览效果

【实例说明】

在制作网页的过程中,可能会需要为一个图像的各个不同部分,建立不同的超链接,要做到这一点就需要建立图像的热点。将图像根据需要划分成各个的区域,每个区域可以建立各自不同的超链接,当单击此区域的时候可以激活这个链接,这些不同的区域就称为图像的热点。为图像建立了热点之后,就构成了图像地图。

9.5　表　格　操　作

9.5.1　创建表格

【实例 9-5】

【实例描述】

创建表格。

【实例分析】

步骤 1　将光标移至编辑窗口中需要插入表格的位置。

步骤 2　选择【插入】→【表格】命令,弹出对话框,在该对话框中设置各项参数,如图 9-43 所示。

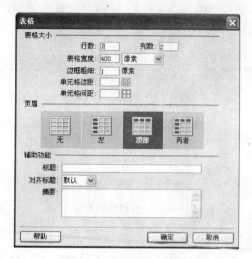

图 9-43 【表格】对话框

步骤 3 单击【确定】按钮，即可在编辑窗口中插入表格，如图 9-44 所示。

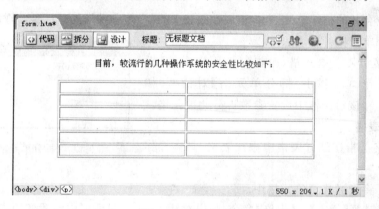

图 9-44 插入表格

【实例说明】

表格是用于在 HTML 页上显示数据以及对文本和图像进行布局的强有力的工具。表格由一行或多行组成，每行又由一个或多个单元格组成。在 Dreamweaver 的标准模式和布局模式中都可以创建表格。

9.5.2 编辑表格

1. 设置表格属性

在属性面板中对表格命名，同时对表格的对齐方式、填充、间距、背景颜色和边框颜色进行设置，如图 9-45 所示。

为了使所创建的表格更加美观，Dreamweaver 还提供了表格的属性面板，可以对表格的其他属性进行设置，如表格边框的颜色、整个表格或者某个单元格的背景等。在用户创建一个表格后，选取表格，就会出现这个属性面板，如图 9-46 所示。

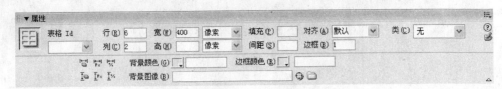

图 9-45　表格属性设置 1

图 9-46　表格属性设置 2

2. 合并、拆分单元格

在 Dreamweaver 中,用户可以很方便地将几个相邻的单元格合并为一个单元格,或者把一个单元格拆分为几个单元格,通过合并、拆分单元格来使表格符合布局需要。

(1) 合并单元格

选中需要合并的相邻单元格,单击属性面板中的【合并单元格】按钮 ⬚ ,即可合并单元格。

(2) 拆分单元格

将光标移到某个单元格,单击属性面板中的【拆分单元格】按钮 ⬚ ,弹出【拆分单元格】对话框,如图 9-47 所示,在该对话框中设置参数拆分此单元格。

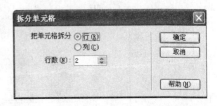

图 9-47　【拆分单元格】对话框

3. 嵌套表格

嵌套表格是指在已有表格中添加表格,具体操作步骤如下:

步骤 1　将光标移至单元格中。

步骤 2　选择【插入】→【表格】命令,弹出对话框,在该对话框中设置各项参数,如图 9-43 所示。

步骤 3　单击【确定】按钮,即可在编辑窗口中插入表格。

4. 增加、删除行或列

增加或删除行/列是表格常用的操作。

(1) 增加行或列

选择【修改】→【表格】→【插入行】命令,在目标单元格的上方增加一行;选择【修改】→【表格】→【插入列】命令,在目标单元格的左侧增加一列。

如果要一次插入多个行或列,可采取下面的操作:

步骤 1　选择【修改】→【表格】→【插入行或列】命令,打开【插入行或列】对话框,如图 9-48 所示。

步骤 2　在【插入】域中选择插入的对象,指定【行数】(【列数】)、【位置】,然后单击【确定】按钮,就会在指定位置插入行或列。

(2) 删除行或列

如果要删除行或列,可采取下面的操作:

 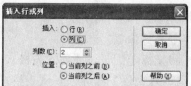

图 9-48 【插入行或列】对话框

步骤 1 选择整行或整列。

步骤 2 执行下列操作之一,都可以删除选定的行或列:

- 选择【修改】→【表格】→【删除行】或【修改】→【表格】→【删除列】命令。
- 选择【编辑】→【清除】命令。
- 按 Delete 键。

此外,可以直接在表格属性面板中设置行数或列数来增减表格的行或列。

5．格式化表格

Dreamweaver 提供了多种表格样式,帮助设计者格式化表格,这些表格样式都具有专业水准,用户可以直接套用,也可以修改其中的某些参数后再套用。

使用 Dreamweaver 预定义表格样式的步骤如下:

步骤 1 选择要格式化的表格。

步骤 2 选择【命令】→【格式化表格】命令,打开【格式化表格】对话框,如图 9-49 所示。

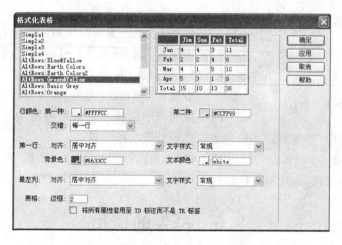

图 9-49 【格式化表格】对话框

步骤 3 在对话框的样式列表中选择样式,并在右边预览其效果,选中满意的表格样式后,单击【确定】按钮或【应用】按钮,将表格样式完全套用在选定的表格上。

此外,用户可以根据自己的喜好,在"格式化表格"对话框中更改样式参数,如行颜色、第一行、最左列或者表格等,然后再套用,最大限度地提高满意度。

6．表格数据的导入和导出

在网页中插入表格后,有时候需要在表格中输入大量的内容,但是这些内容在其他软件中已经录入,用户可以直接使用 Dreamweaver 中提供的表格数据导入功能,将这些数据导入到网页的表格中,而不再需要逐个输入,同时 Dreamweaver 还可以将 HTML 文档中的数据导出，以供其他应用程序使用。

（1）导入表格式数据

步骤1 将光标定位于需要导入表格式数据的位置。

步骤2 选择【文件】→【导入】→【表格式数据】命令，弹出【导入表格式数据】对话框，如图 9-50 所示。

图 9-50 【导入表格式数据】对话框

步骤3 单击【数据文件】右侧的【浏览】按钮，在弹出的对话框中选择数据源文件的路径；单击【定界符】右侧的下三角按钮，在弹出的下拉列表中选择适合的定界符类型；在【表格宽度】选区中选中【匹配内容】单选按钮，则在插入内容时，表格的宽度会随内容自动进行调整。

步骤4 设置完成后，单击【确定】按钮即可。

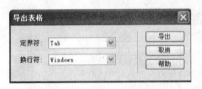

图 9-51 【导出表格】对话框

（2）导出表格式数据

步骤1 选中需要导出数据的表格。

步骤2 选择【文件】→【导出】→【表格】命令，弹出【导出表格】对话框，如图 9-51 所示。

步骤3 单击【定界符】右侧的下三角按钮，在弹出的下拉列表中选择适合的定界符类型；单击【换行符】右侧的下三角按钮，在弹出的下拉列表中选择合适的换行符。

步骤4 设置完成后，单击【导出】按钮，弹出【表格导出为】对话框，在该对话框中输入相应的文件名和路径，然后单击【确定】按钮即可。

9.6　框架的使用

使用框架，可以在一个窗口中显示多个页面。框架由两部分组成，框架集和单个框架。框架集是定义框架结构的 HTML 页面，而框架是框架集中的单个区域，所以，框架集是框架的集合。在使用框架对页面进行布局时，用户可以明确页面的布局，从而确定各个部分插入的内容。初学者使用框架布局方式可以避免页面内容杂乱无章的现象。

9.6.1　创建框架与框架集

1. 插入预定义的框架集

使用 Dreamweaver 自带的框架进行网页排版，具体使用方法如下：

步骤1 选择【文件】→【新建】命令，弹出如图 9-52 所示的"新建文档"对话框。

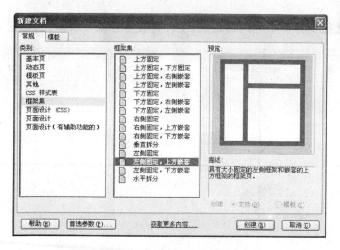

图 9-52 【新建文档】对话框

步骤 2　在左侧【类别】列表框中选择【框架集】选项,则在【框架集】列表框中将显示 Dreamweaver 中自带的框架,在【框架集】列表框中选择需要的框架,即可在右边的【预览】窗口中进行预览。

步骤 3　最后单击【创建】按钮即可。

2. 创建框架集

创建框架集有多种方法,可以选择【修改】→【框架】命令,在子菜单中选择创建框架命令,也可以通过直接拖曳框架边框来创建,步骤如下:

步骤 1　选择【查看】→【可视化助理】→【框架边框】命令,确保能够显示框架边框。

步骤 2　然后,执行下列操作之一:

- 将光标移到边框上方,按住鼠标左键不放拖曳框架边框,即可拆分文件画面,如图 9-53 所示。

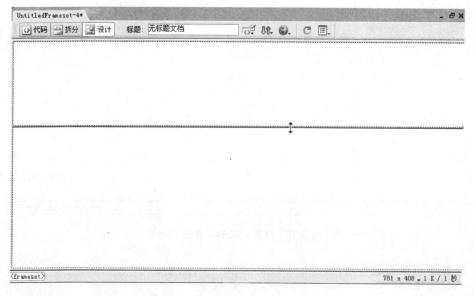

图 9-53　拖动边框创建框架

- 如果直接拖曳另一个方向的边框,文件将被拆分成 4 个画面,如图 9-54 所示。

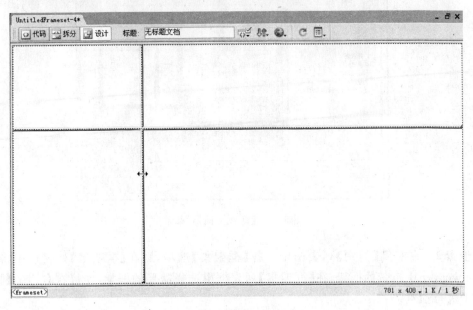

图 9-54　拖动另一侧边框

- 假若只想拆分成 3 个画面,左边的垂直空间没有分隔,那么,请在拖曳边框的同时,按着 Ctrl 键不放,如图 9-55 所示。

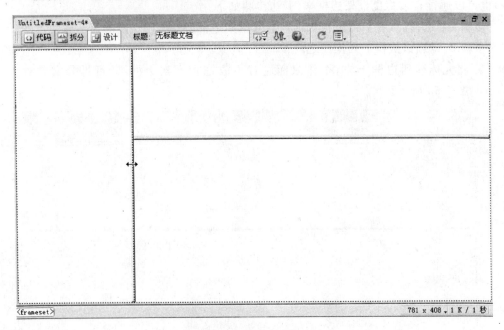

图 9-55　按着 Ctrl 键不放拖曳边框

- 拖动框架边框一角,创建 4 个框架,如图 9-56 所示。

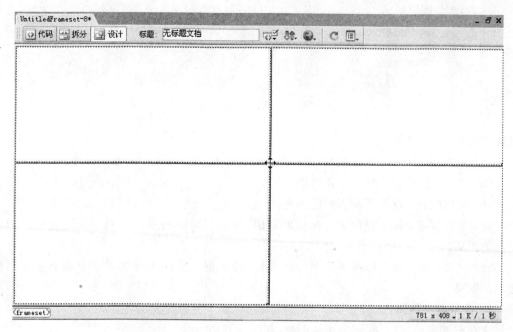

图 9-56　拖动一角创建框架

3. 创建嵌套框架

在一个框架集内的框架集称为嵌套框架集,一个框架集文件可以包含多个嵌套框架集。使用框架的网页大多数都是使用嵌套的框架,在 Dreamweaver 中大多数预定义的框架都是嵌套框架集。Dreamweaver 会根据需要自动嵌套框架集,当然,也可以使用框架拆分工具自行创建嵌套框架集。具体操作步骤如下:

步骤 1　创建一个框架集文档,并将光标定位于要插入嵌套框架集的已有框架中。

步骤 2　选择【布局】→【插入】工具栏,单击【框架布局】按钮 ▦ ▾ 右侧的下三角按钮,在弹出的下拉列表中选择需要插入的框架类型。或者选择【修改】→【框架集】命令,在弹出子菜单中的【拆分左框架】、【拆分右框架】、【拆分上框架】和【拆分下框架】选项中进行相应的设置即可。

9.6.2　编辑框架

要对框架进行编辑,首先要选择需要修改的框架。在按住 Alt 键的同时单击所需选择的框架即可,选中的框架由点虚线组成;如果是要选择整个框架,直接单击框架的边框即可。在框架和框架集属性面板中,设置框架和框架集的属性。

1. 设置框架属性

选择框架后,打开框架属性面板,如图 9-57 所示。

在框架属性面板中设置框架的下列属性:

(1)框架名称:输入框架的名称。

(2)源文件:指定框架中显示的文档。

(3)滚动:设置是否在框架中出现滚动条。大多数浏览器设置为"默认",当内容超出

图 9-57　框架属性面板

框架范围时,显示滚动条。

(4) 不能调整大小:选择该项,则用户不能拖动框架边框改变框架的大小。

(5) 边框:设置是否显示框架边框。

(6) 边框颜色:设置所有边框的颜色。

(7) 边界宽度:输入以像素为单位的数值,确定框架中的内容相对于左边框和右边框之间的距离。

(8) 边界高度:输入以像素为单位的数值,确定框架中的内容相对于上边框和下边框之间的距离。

2. 设置框架集属性

选择框架集后,打开框架集属性面板,如图 9-58 所示。

图 9-58　框架集属性面板

在框架集属性面板中设置框架集的下列属性:

(1) 边框:设置是否显示边框。

(2) 边框宽度:设置框架集中所有框架的边框宽度。

(3) 边框颜色:设置边框颜色,单击按钮选取颜色,或在文本框中输入颜色的十六进制代码。

(4) 行列选定范围:单击右侧的缩略图,选择框架集中的某个框架。

(5) 值:指定所选择的行或列的高度。

(6) 单位:选择适当的单位:

- 像素——输入以像素为单位的数值,指定所选行或列的绝对大小。
- 百分比——所选择行或列相对于框架集大小的百分比。
- 相对——在指定"像素"和"百分比"空间后,分配剩余的框架空间。

3. 删除框架

在删除框架时,首先要选择需要删除的框架,当鼠标指针变为 ←→ 或 ↕ 形状时,拖动框架的边框到相邻的边框即可。

9.6.3　存储框架

如果要在浏览器中正确浏览框架集文件,必须正确保存框架和框架集文件。

1. 保存框架集

下面是保存框架集的操作步骤：

步骤 1　选择框架集。

步骤 2　采取下面的方法之一：

- 选择【文件】→【保存框架页】命令，保存框架集。
- 选择【文件】→【框架集另存为】命令，将框架集另存为新文件。

2. 保存框架

下面是保存框架的操作步骤：

步骤 1　将光标放在目标框架内。

步骤 2　采取下面的方法之一：

- 选择【文件】→【保存框架页】命令，保存该框架。
- 选择【文件】→【框架另存为】命令，将框架另存为新文件。

3. 保存一组框架关联的所有文件

在创建完框架网页后，选择【文件】→【保存全部】命令，则会弹出一系列的【另存为】对话框，Dreamweaver 会自动保存该框架页面的所有文档。

9.6.4　框架应用

【实例 9-6】

【实例描述】

框架应用。

【实例分析】

步骤 1　新建 HTML 页面。

步骤 2　创建如图 9-59 所示的框架集，框架分别命名为 mainFrame、leftFrame、topFrame。

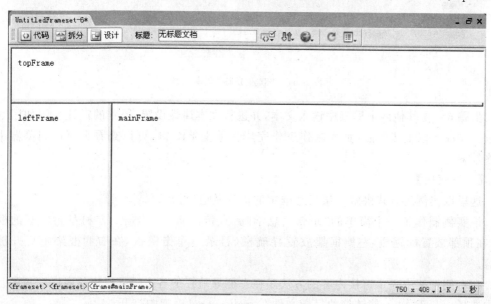

图 9-59　命名后的框架集

步骤3 选中topFrame框架,单击鼠标右键,从弹出菜单中选择【页面属性】命令,在弹出的对话框中为此框架选择背景颜色。

步骤4 使用同样的方法为另两个框架选择背景颜色,此时效果如图9-60所示。

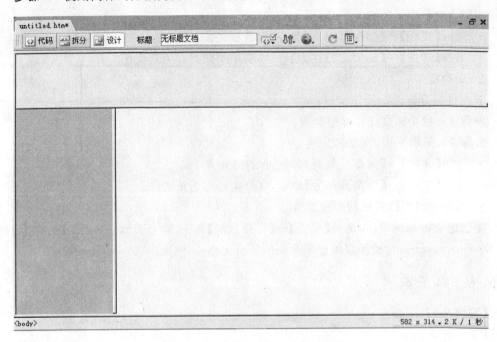

图9-60 设置完背景色后框架效果

步骤5 在topFrame框架中输入文本"欢迎光临",并在文本属性面板对文本的属性进行设置,最终文本属性面板如图9-61所示。

图9-61 "欢迎光临"文本属性

步骤6 在其他两个框架中输入文本,并进行文本属性设置,得到的设计视图如图9-62所示。完成了以上步骤后,页面制作工作完毕。单击F12键,可以查看页面在浏览器中的最终效果。

【实例说明】

这里以实例的方式讲解框架集和框架的操作及应用。

该实例制作了一个简单的"东软信息学院"宣传网页,主体是上方和左侧嵌套的框架集,在顶部放置标题栏,左侧框架放置导航栏(目录),单击链接,在右侧框架中打开链接内容。

在右侧框架中显示链接内容的方法是在左侧导航栏的各个链接对应的属性面板的目标栏中选择mainFrame,使链接的目标文件在mainFrame框架中打开。

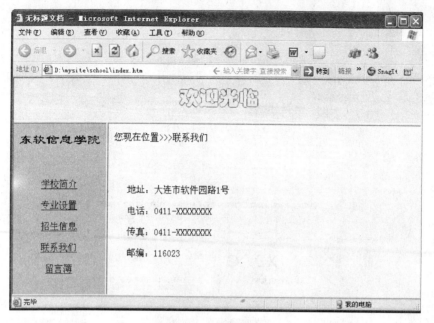

图 9-62　完成作品

9.7　嵌入表单元素

目前大多数的网站,尤其是专业的网站,表单是必不可少的组成部分,如在线申请、在线购物和在线调查问卷等都会用到表单。

表单架设了网站管理员和用户之间进行沟通的桥梁,如在线注册会员时需要填写一系列表单,用户填写好这些表单之后,这些表单就被发送到网站的后台服务器,交由服务器端的脚本或应用程序来处理,发送注册成功或失败的信息,用户就可以根据服务器返回的信息进行登录或重新注册的操作了,如图 9-63 所示为淘宝网的注册表单。

在服务器端,数据信息由通用网关接口程序(GGI)、ColdFusion、JavaServer Page(JSP)或者 Active Server Page(ASP)等程序脚本处理,如图 9-64 所示为处理表单的流程。

使用 Dreamweaver 可以创建各种表单对象,如文本域、复选框、单选按钮、列表/菜单等。同时,Dreamweaver 内置的"检查表单"行为可以检查表单内容的合法性,提示用户输入正确的数据。

表单是访问者与站点交流信息的有效途径,但是单纯的表单并不能输入任何信息,还必须在表单中添加表单对象。信息是通过表单对象在访问者与站点之间传递的。对于访问者来说,表单还包含了一些不可见的属性,这些属性决定了表单信息将被如何处理。

一个表单有三个基本组成部分:

(1) 表单标签:这里包含了处理表单数据所用 CGI 程序的 URL 以及数据提交到服务器的方法。

(2) 表单域:包含了文本框、菜单、复选框和单选框等。

(3) 提交按钮:将数据传送到服务器上的 CGI 脚本。

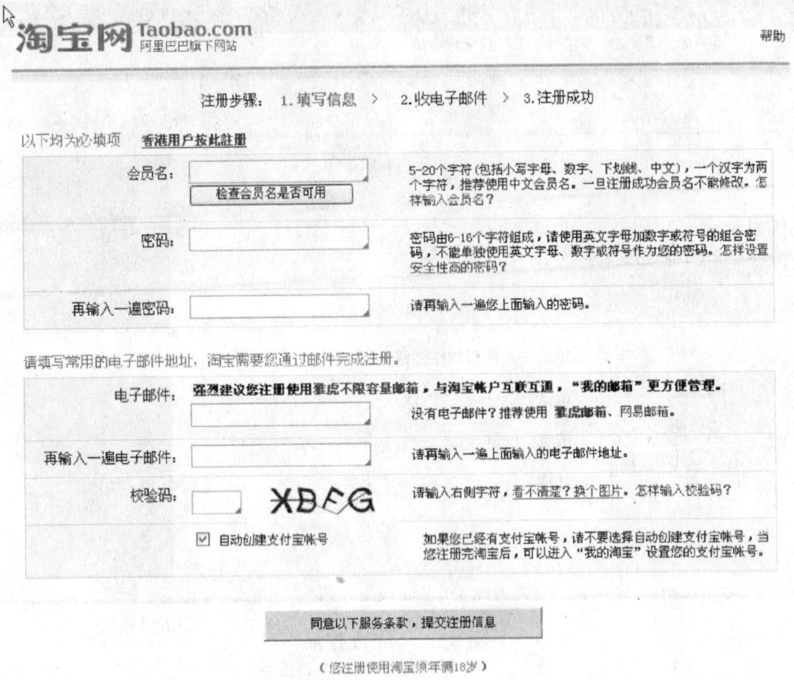

淘宝网 Taobao.com
阿里巴巴旗下网站
帮助
注册步骤： 1.填写信息 > 2.收电子邮件 > 3.注册成功
以下均为必填项 香港用户按此註冊
会员名：
检查会员名是否可用
5-20个字符(包括小写字母、数字、下划线、中文)，一个汉字为两个字符，推荐使用中文会员名。一旦注册成功会员名不能修改。怎样输入会员名？
密码：
密码由6-16个字符组成，请使用英文字母加数字或符号的组合密码，不能单独使用英文字母、数字或符号作为您的密码。怎样设置安全性高的密码？
再输入一遍密码：
请再输入一遍您上面输入的密码。
请填写常用的电子邮件地址，淘宝需要您通过邮件完成注册。
电子邮件：
强烈建议您注册使用雅虎不限容量邮箱，与淘宝帐户互联互通，“我的邮箱”更方便管理。
没有电子邮件？推荐使用 雅虎邮箱、网易邮箱。
再输入一遍电子邮件：
请再输入一遍上面输入的电子邮件地址。
校验码：
XBFG
请输入右侧字符，看不清楚？换个图片。怎样输入校验码？
自动创建支付宝帐号
如果您已经有支付宝帐号，请不要选择自动创建支付宝帐号，当您注册完淘宝后，可以进入“我的淘宝”设置您的支付宝帐号。
同意以下服务条款，提交注册信息
（您注册使用淘宝须年满18岁）

图 9-63　淘宝网的注册表单

<HTML>
</HTML>
③ 返回信息
② 服务器端程序处理表单数据
① 用户填写表单信息，并提交给网站服务器

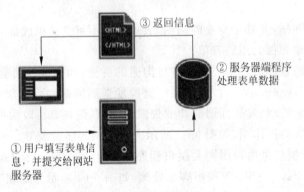

图 9-64　处理表单的流程

9.7.1　设计表单

1. 创建表单

选择菜单栏中【插入】→【表单】→【表单】命令，或者使用【插入】栏【表单】面板中的【表单】按钮 。

创建好一个表单后，文件中会出现一个红色的点线轮廓，如图 9-65 所示。如果看不到这个轮廓的话，在菜单栏中【查看】→【可视化助理】中取消【隐藏所有】。

2. 设置表单属性

在设置表单属性之前应选择表单，可采取下面的任意一种方法选择表单：

图 9-65 表单边框

- 单击文档窗口中的红色虚框线。
- 单击文档窗口下面标签栏中的＜form＞标签。

选择表单后,打开表单属性面板,如图 9-66 所示。

图 9-66 表单属性

在属性面板中包括:

(1) 表单名称:对表单名称进行识别,只有已命名的表单才能被 JS 或 VBS 等脚本语言引用或控制。

(2) 动作:表明用来处理表单信息的脚本或程序所在的 URL。

(3) 方法:选择信息数据被处理时所用的方法;选择 POST 将表单值以消息方式送出;选择 GET 把被提交的表单值作为 URL 的附加值发送;选择默认方式使用浏览器的默认数据发送设置。

(4) MIME 类型:在该下拉列表中选择待处理数据的 MIME 编码类型。

(5) 目标:在该下拉列表中选择显示返回数据的窗口。

- _blank 在新的窗口中打开目标文档,保留当前窗口。
- _parent 在当前文档的父窗口内显示目标文档。
- _self 在当前窗口中打开目标文档,替换当前窗口中的内容。
- _top 在当前窗口的主体窗口内打开目标文档,替换所有内容。

3. 表单对象

在文档中创建表单之后,就可以在其中添加表单对象。网站的访问者正是通过表单对象中的数据来与网站实现互动的。

在 Dreamweaver 中可以直接添加的表单对象有文本域、文本区域、复选框、单选框、按钮、列表/菜单、文件域、图像域、隐藏域以及跳转菜单等。

9.7.2 表单实例

【实例 9-7】

【实例描述】

表单应用。

【实例分析】

步骤 1 打开上一节中制作的框架网页,如图 9-67 所示。

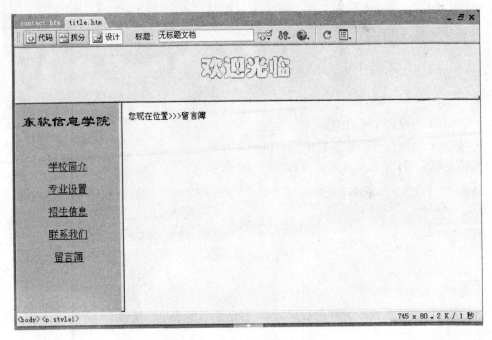

图 9-67 【留言簿】页面

步骤 2 将光标放置于合适的位置插入表单,并打开表单的属性面板,设置表单属性,如图 9-68 所示。

图 9-68 表单属性面板

图 9-69 单击【文本字段】按钮

步骤 3 在表单中插入一个十行两列的表格,边框为 0,单元格间距和单元格边距均为 1。

步骤 4 在左侧单元格中输入相关文本,单击面板上的【文本字段】按钮,如图 9-69 所示,在【姓名】右侧的单元格中输入文本域,文档中出现一个文本域,如图 9-70 所示。

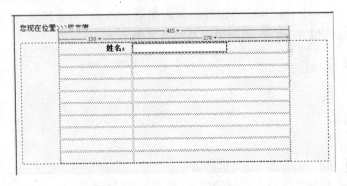

图 9-70 单行文本域

步骤 5 选中这个文本域,在属性面板上设置相关属性,如图 9-71 所示。

图 9-71 【文本字段】的属性面板

属性面板中各项参数的作用如下:

(1) 字符宽度:指定文本域的最大长度。

(2) 最多字符数:指定在该文本域中可以输入的最多字符数量。

(3) 类型:指定文本区域的类型,选择单行,该区域就是一个文本字段,只能输入一行文本;选择多行,该区域就是一个文本区域,可输入多行文本;选择密码,该区域的文本会以星号或黑色的圆点显示。

(4) 初始值:指定在用户浏览器中首次载入此表单时,文本域中将显示的文本。

步骤 6 在"网址"右侧的单元格中插入文本字段,在属性面板上设置相关属性,在初始值字段中输入 http://,如图 9-72 所示。

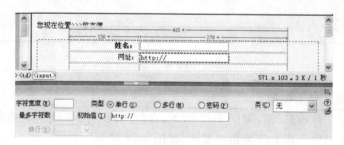

图 9-72 设定初始值

在【留言】右侧的单元格中插入文本字段,在类型单选框中选择【多行】,在【行数】文本框中指定要显示的最多行数为 2,字符宽度设置为 30,如图 9-73 所示。

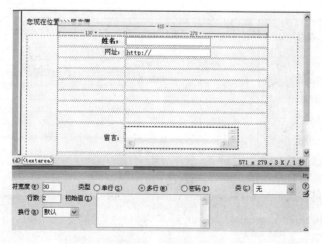

图 9-73 多行文本域

在【密码】右侧的单元格中插入文本字段，在类型单选框中选择【密码】，预览时输入密码的显示效果如图 9-74 所示。

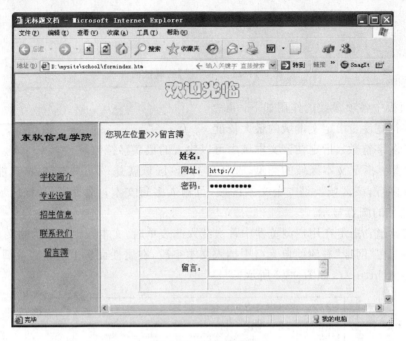

图 9-74　输入密码

步骤 7　创建文件上传域。

单击面板上【文件域】按钮，如图 9-75 所示，在【上传照片】右侧单元格的位置插入文件上传域，并且可在属性面板上设置相关属性，如图 9-76 所示。

图 9-75　插入文件上传域

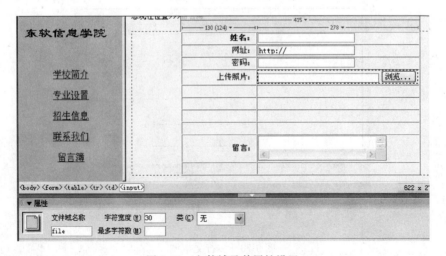

图 9-76　文件域及其属性设置

步骤 8 插入单选框。

把鼠标放在【性别】右侧的单元格中，单击面板上【单选按钮】按钮，如图 9-77 所示，插入一个单选按钮，并输入如图 9-78 所示的文本，用同样的方法插入第二个单选按钮，在属性面板上设置相关属性。属性面板中各项参数的作用如下：

图 9-77　插入单选按钮

（1）单选按钮名称：为该组选项输入一个描述性名称。

（2）选定值：输入当用户选择此单选按钮时将发送到服务器端脚本或应用程序的值。

（3）初始状态：如果希望在浏览器中首次载入该表单时有一个选项显示为选中状态，需选择【已勾选】，如图 9-78 所示。

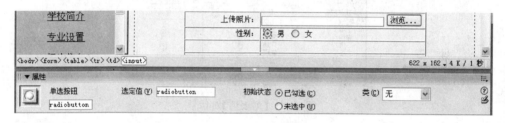

图 9-78　单选框及其属性设置

步骤 9 插入复选框。

把光标放在【爱好】右侧的单元格中，单击面板上【复选框】按钮，如图 9-79 所示，在光标所在位置插入复选框，用同样的方法插入其他三个复选框，在属性面板上设置相关属性，并在该单元格中输入相关文本。属性面板中各项参数的作用如下：

图 9-79　插入复选框

（1）复选框名称：为该复选框输入一个描述性名称。

（2）选定值：为复选框输入值。

（3）初始状态：如果希望在浏览器中首次载入该表单时有一个选项显示为选中状态，需选择"已勾选"。

步骤 10 创建下拉列表。

把光标放在【城市】右侧的单元格中，单击面板上【列表/菜单】按钮，如图 9-80 所示，在光标所在位置插入菜单，并且在属性面板的【类型】中选择【菜单】，如图 9-81 所示。然后单击【列表值】添加选项。出现如图 9-82 所示的【列表值】对话框，将光标放置于【项目标签】域中，输入要在该列表中显示的文本。在【值】域中，输入在用户选择该项时将发送到服务器的数据。若要向选项列表中添加其他项，请单击加号按钮（＋），然后重复上面的步骤。按下F12 键预览，浏览器中的效果如图 9-83 所示。

图 9-80　插入列表

图 9-81　菜单属性

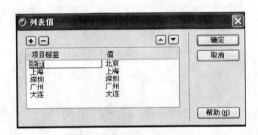

图 9-82　【列表值】对话框

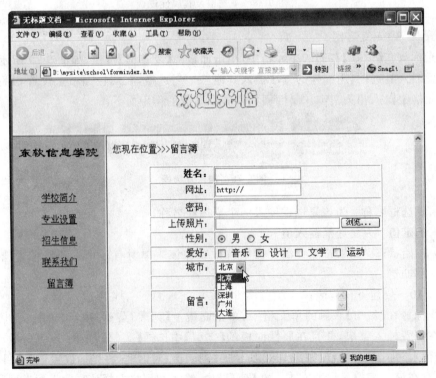

图 9-83　浏览器中的列表效果

步骤 11 创建滚动列表。

把光标放在【年龄】右侧的单元格中,单击面板上【列表/菜单】按钮,如图 9-80 所示,在光标所在位置插入列表,并且在属性面板的【类型】中选择【列表】,在【高度】文本框中输入一个数字,指定该列表将显示的行(或项)数。如果指定的数字小于该列表包含的选项数,则出现滚动条。如果希望允许用户选择该列表中的多个项,须选择【允许多选】,如图 9-84 所示。然后单击【列表值】添加选项。出现【列表值】对话框,参考步骤 10 的方法添加列表值。按下 F12 键预览,浏览器中的效果如图 9-85 所示。

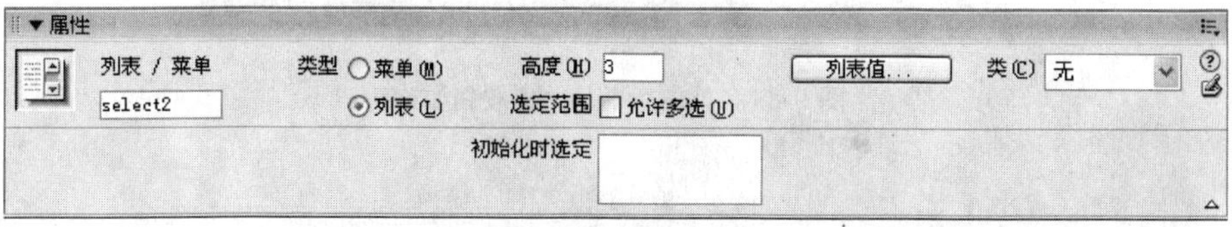

图 9-84 列表属性

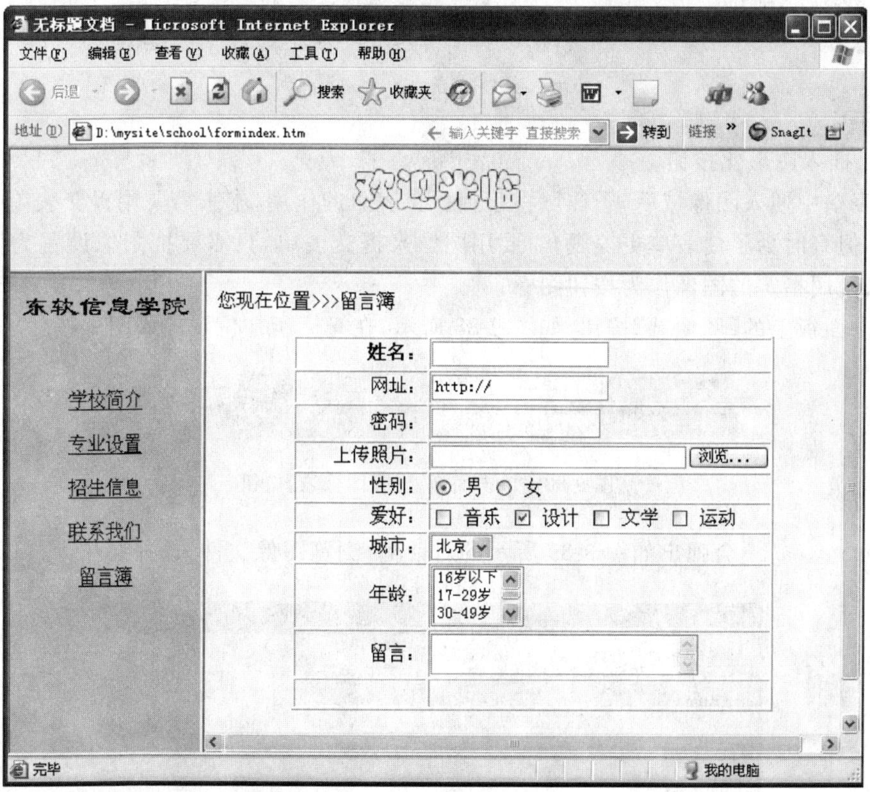

图 9-85 浏览器中的列表效果

步骤 12 创建按钮。

表单按钮用于控制表单操作。使用表单按钮将输入表单的数据提交到服务器,或者重置该表单。还可以将其他已经在脚本中定义的处理任务分配给按钮。如表单按钮可以根据指定的值计算所选商品的总价等。

（1）插入标准表单按钮。

标准表单按钮为浏览器的默认按钮样式，它包含要显示的文本。标准表单按钮通常标记为【提交】、【重置】或【发送】等。

单击面板上的【按钮】按钮，如图 9-86 所示；显示的【按钮属性】面板，如图 9-87 所示。在属性面板的【标签】文本框中输入希望在该按钮上显示的文本。从【动作】部分选择一种操作。

图 9-86　单击面板上的【按钮】按钮

图 9-87　按钮及其属性面板

（2）插入图形化按钮。

向表单中插入图像域后，图像域将起到提交表单的作用，本来需要用提交表单按钮来提交表单，但有时为了使表单更美观，需要用图像来提交表单，只需要把图像设置为图像域即可，可以使用指定的图像作为按钮图标。

单击面板上的【图像域】按钮，如图 9-88 所示，在光标所在位置插入图像按钮。

图 9-88　单击面板上的【图像域】按钮

Dreamweaver 会弹出如图 9-89 所示的对话框，浏览图像文件，选择要作为按钮的图像。

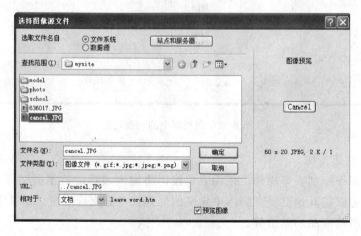

图 9-89　浏览图像文件

在图像域的属性面板中,在【替换】文本框中输入要替代图像显示的任何文本,该文本适用于纯文本浏览器或者设置为手动下载图像的浏览器,如图 9-90 所示。

图 9-90 图形化重置按钮设定

按下 F12 键预览,浏览器中的效果如图 9-91 所示。

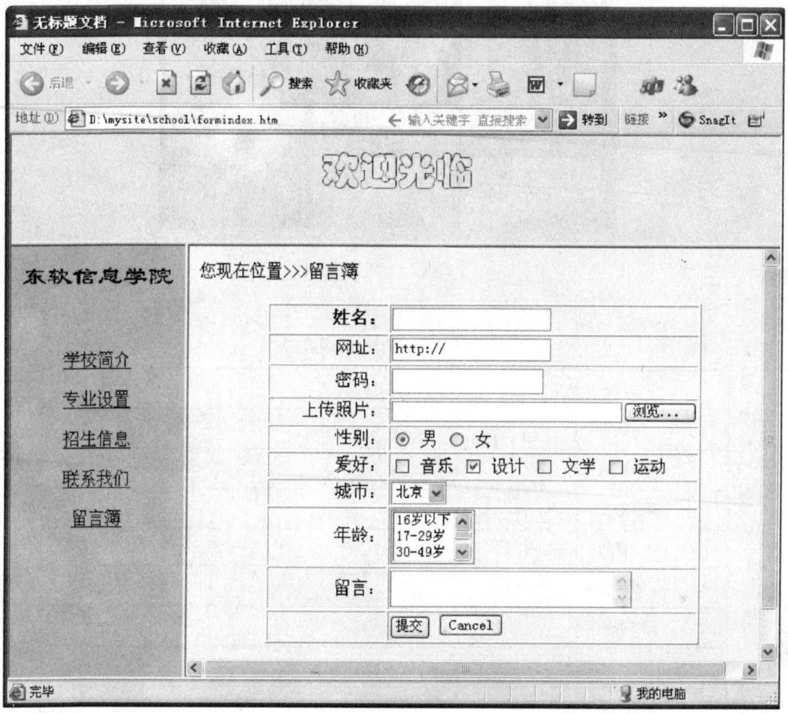

![图9-91浏览器界面,显示留言簿表单,包含姓名、网址、密码、上传照片、性别、爱好、城市、年龄、留言等字段]

图 9-91 浏览器中的列表效果

【实例说明】

这里通过建立一个填写留言簿的页面向读者具体介绍了在 Dreamweaver 中如何创建和使用文本域、文本区域、复选框、单选框、按钮、列表/菜单、文件域、图像域、隐藏域以及跳转菜单等各种表单对象。

9.8 习 题

1. 使用表格分栏,适当插入图片,制作一个网站相册,显示效果如图 9-92 所示。

2. 模仿完成如图 9-93 所示的页面。

实现边框效果技术提示如下,推荐第 2 种:

(1) 设置表格边框颜色为 # CC0000,宽度为 1 px,表格填充(cellpadding)4,间距(cellspacing)0。

Dreamweaver 基础

Cat工作室
2007新版
---Cat Studio---
B450423.jpg
B450428.jpg
BA00139.jpg
1113.jpg
1114.jpg
1117.jpg

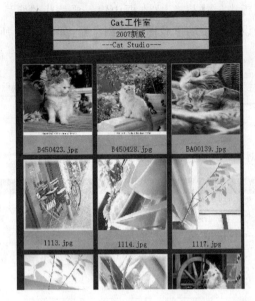

图 9-92 网站相册

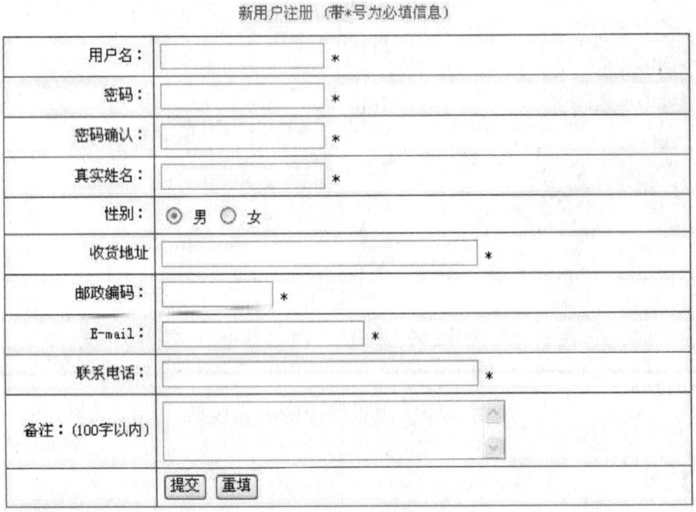

新用户注册（带*号为必填信息）
用户名：*
密码：*
密码确认：*
真实姓名：*
性别： 男 女
收货地址 *
邮政编码：*
E-mail：*
联系电话：*
备注：(100字以内)
提交 重填

图 9-93 新用户注册

(2) 设置表格背景颜色为＃CC0000，表格填充(cellpadding)4，间距(cellspacing)1，设置单元格背景颜色为＃FFFFFF。

第 10 章 表 格 布 局

学习目标

通过本章的学习,能够对完整的网页进行分析,掌握表格布局方法,能够完成完整的页面设计。

核心要点

➢ 布局的思想
➢ 布局表格
➢ 布局单元格

10.1 布 局 概 述

布局就是从整体上对网页进行设计,把复杂的网页分为多个部分。一个网页很复杂,但分成的每一个部分却可以很简单,很容易用前面的章节所学的技术实现。所以,用布局的方法加上前面章节所学的基础知识,就可以完成大型网页的设计。

如图 10-1 所示的网页将整个页面分为 4 个区域,每个区域包含具体的不同的内容,这种对网页区域的划分就是网页的布局。网页设计的过程就是首先完成网页的布局,然后对布局后的每一个具体的区域进行详细的设计,从而完成整体的网页设计。

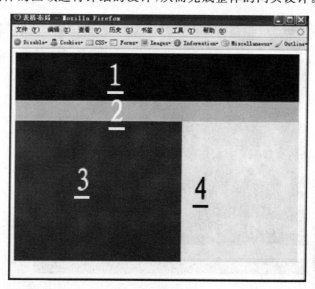

图 10-1 表格布局

如果要实现如图 10-2 所示的页面,在现实中需要进行网页设计图的设计和 Flash 的制作等工作;但在本书的范围内,在对现实中的网页进行模拟的时候,都假设这些素材已经具备,并且能够获得网页中各区域的宽、高等信息。

图 10-2 东软首页

进行网页设计的时候,首先进行网页的布局,然后进行具体内容的设计。

图 10-3 给出了图 10-2 所示网页的布局示意图。可以把图 10-3 中的划分和图 10-2 网页中的区域一一对应,并考虑每一个区域的具体实现方法。

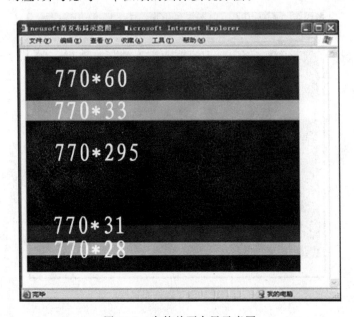

图 10-3 东软首页布局示意图

读者可以观察和学习现实中网页的布局方法，并且尝试模仿实现这些网页。在实现的过程中发现困难，解决困难，这样才能够提高网页设计的水平。

布局方法是本书的重点，主要包括表格布局和 CSS 布局，框架集也是一种简单的布局方法，主要应用于动态系统。

本章采用表格布局的方法来完成整体网页的布局。Dreamweaver 对表格布局提供了很好的支持，使用它可以非常方便地完成表格布局和整个网页的设计。

10.2　表　格　布　局

1．布局模式

之前在 Dreamweaver 中进行的操作都是在标准模式中进行的，进行表格布局的设计必须先进入布局模式，如图 10-4、图 10-5 所示。在布局模式下，可以进行网页整体布局的设计。

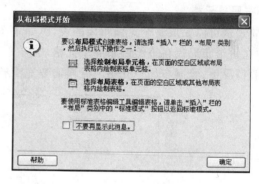

图 10-4　进入布局模式　　　　　　　图 10-5　从布局模式开始

布局模式的操作相对简单，最常用的就是工具栏上的【布局表格】按钮 ▣ 和【布局单元格】按钮 ▣。

除了布局模式和标准模式，还有扩展模式，在工具栏上可以在不同模式间切换。扩展模式可以更好地操作表格和表格内部，扩展模式提示如图 10-6 所示。

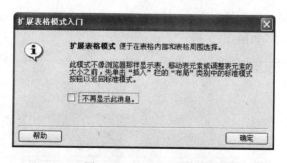

图 10-6　扩展表格模式

在布局模式中进行页面的布局；在标准模式中进行网页的内容的设计；在扩展模式中可以方便地对表格和单元格进行选定和调整。布局模式和扩展模式中看到的网页都不是浏览器中网页的样子，标准模式和浏览器中网页的样子基本一致。

2．布局表格

布局表格用来设计整个网页的布局。进行布局的设计一定要注意,因为一旦开始设计就很难再修改布局,要避免修改就必须从头开始布局好。

绘制布局表格的基本原则是从上往下,可以在已有的布局表格中绘制布局表格(多用于多列布局);在进行正式的网页设计时,需要考虑绘制的布局表格的宽和高。修改布局表格的宽度和高度如图 10-7 所示。

图 10-7　设置布局表格的属性

绘制如图 10-2 和图 10-3 所示的网页布局,为了更清楚地查看布局的显示效果,可以为每一个布局表格添加背景颜色。

3．布局单元格

布局表格可以完成整个页面布局的设计,如果布局设计完成,要进行每一部分内容的设计,必须在每个布局表格里绘制布局单元格。

一般情况下,绘制布局单元格的时候需要充满整个布局表格,如图 10-8 所示。

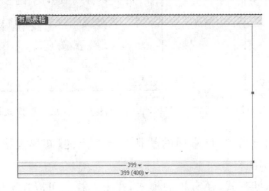

图 10-8　布局单元格充满布局表格

另外,可以在布局表格中绘制多个布局单元格,布局表格中没有布局单元格覆盖的部分就不能加入任何内容了,如图 10-9 所示。

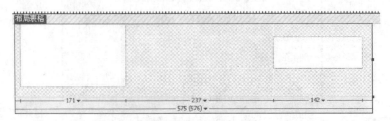

图 10-9　布局表格中绘制多个布局单元格

需要注意的是,在布局单元格中加入过多内容的时候,布局单元格会自动扩大,这种扩大产生的后果是不可预期的,应尽可能避免。

加入布局单元格之后，就可以在布局单元格中进行网页内容的设计了，进行内容的设计时必须转换为标准模式。

4. 多列布局

布局通常都有多行多列，对布局经常以其最多的列数称呼，如图 10-10 中的布局可简称为两列布局。两列和三列布局在实际操作中应用比较广泛。

【实例 10-1】

【实例描述】

布局的效果如图 10-10 和图 10-11 所示，布局为两行，第二行有两列。

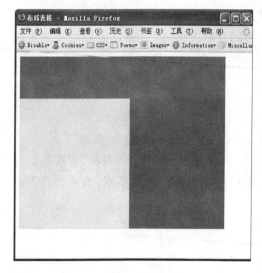

图 10-10　两列布局

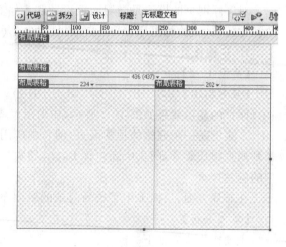

图 10-11　布局表格实现两列布局

【实例分析】

首先进入布局模式，然后绘制布局表格。

【实例说明】

对于多列布局，在布局表格的角度就是在同一行中绘制多个布局表格。

在同一行中绘制多个布局表格，必须先添加一个作为容器的布局表格，然后在这个布局表格内部就可以绘制多个布局表格了。完成图 10-10 的效果需要绘制 4 个布局表格，一个布局表格作为多列布局表格的容器。

Dreamweaver 较早的版本可以不使用容器，直接绘制多列布局；但如果不使用容器，进行内容设计后就会发现等高的两列之间会出现空隙。

多列的布局如果每一列都不需要在布局表格内再绘制布局表格或多个布局单元格，可以不使用容器，直接在一个布局表格内绘制多个布局单元格。

在绘制多列布局时，每一列尽量和容器高度相同，达到多列同高的效果。

【注意事项】

布局表格的居中建议通过设置表格的对齐属性来完成，如图 10-12 所示。表格的选定可以在标准模式或扩展模式中完成，建议使用扩展模式。多列的居中只需设置容器居中即可。

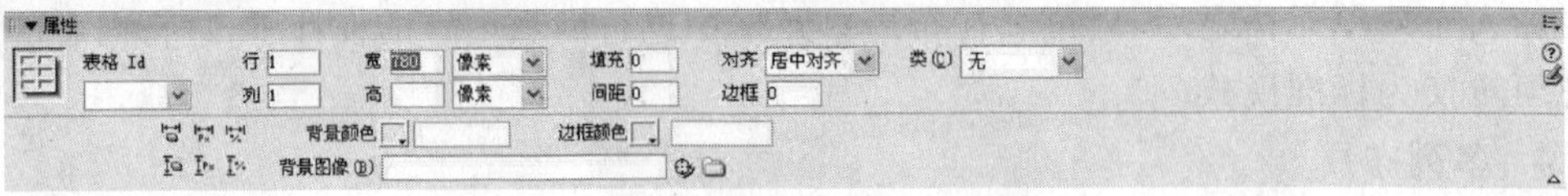

图 10-12　设置布局表格为居中对齐

10.3　表格布局实例

本节用表格布局进行完整的网页设计。采用表格布局的方法设计网页的基本步骤为：分析网页、进入布局模式、绘制布局表格、绘制布局单元格、进行内容设计。

对实际网页的模仿是学习网页设计和表格布局的有效方法，因为可以清楚地看到页面的视觉效果，相关的图片、Flash、布局尺寸也都可以得到。

1. 东软首页

【实例 10-2】

【实例描述】

网页的显示效果如图 10-2 所示，布局示意图和布局显示效果如图 10-3 所示。

本实例是一个完整的现实网页，网页中应用了图片、背景图片、Flash、表单、背景颜色等多种网页组成要素，网页中还包含 Logo、导航条、版权信息等多种内容要素，是一个较为典型的网站首页。

在布局方面，页面采用了较为简单的一列布局，页面居中。

【实例分析】

主要操作步骤如下。

* 进入布局模式。
* 按照图 10-3 所给的宽和高绘制布局表格。
* 进入扩展模式或标准模式设置布局表格居中。
* 在布局模式中绘制布局单元格，实现操作参考图 10-13。
* 进入标准模式，进行内容设计。

【实例说明】

如果想得到良好的显示效果，在进行布局的时候每个布局表格和布局单元格的宽和高都需要参考模仿的网页得出；在实际网页设计的过程中，各个部分的宽和高可以从网页设计图中获得。

在内容设计的时候，注意设置字体大小，没有设置文字大小的文字在浏览器中以浏览器默认字体大小显示，可能和 Dreamweaver 中看到的显示效果不一致。

本实例所使用的 Flash 需要设置背景为透明，具体实现可参看本书的 8.4 和 8.5 章节。

对每一个网页的设计都要精心、细心，努力获得最佳的显示效果，这样才能成为一个好的网页设计师。

2. 下载页面

【实例 10-3】

【实例描述】

下载页面的显示效果如图 10-14 所示。

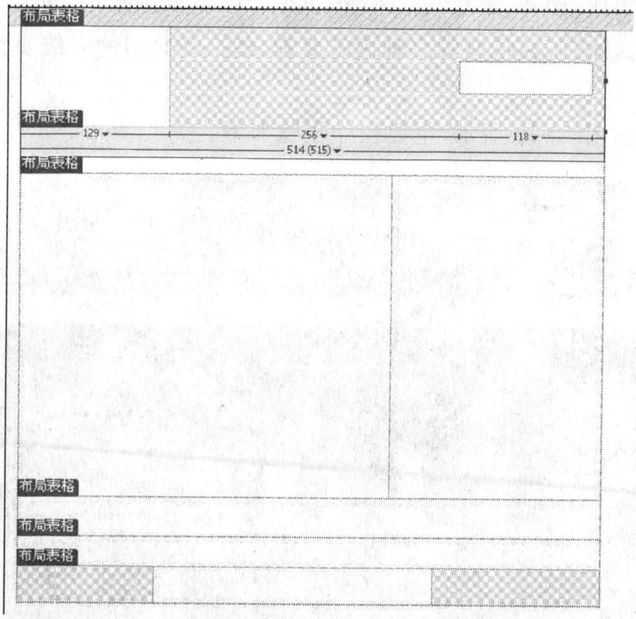

图 10-13　东软首页的布局单元格设计

图 10-14　下载页面

网页中应用了表格、图片、表单、背景颜色等多种网页组成要素,网页中还包含了 Logo、导航条、侧栏、内容区域、版权信息等多种内容要素,是一个典型的三级页面。

【实例分析】

页面布局示意如图 10-15 所示,主要操作步骤如下。

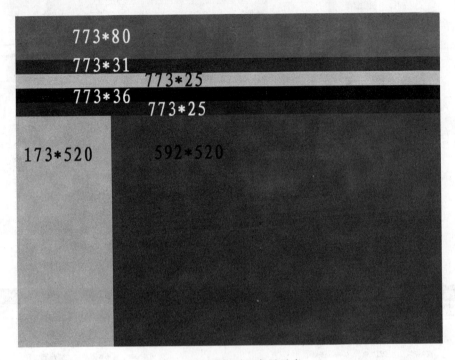

图 10-15　下载页面布局示意

- 进入布局模式。
- 按照图 10-15 所给的宽和高绘制布局表格。
- 进入扩展模式或标准模式设置布局表格居中,如图 10-16 所示。
- 在布局模式中绘制布局单元格,实现操作参考图 10-17。
- 进入标准模式,进行内容设计。

【实例说明】

一个页面可能有多种布局和实现的方法,图 10-15 给出了下载页面的布局示意图,读者也可以尝试以布局的思路去分析现实中的网页。每一部分内容的实现也有很多不同的方法,在目前的阶段,不必考虑过多的代码效率,只要能实现美观的显示效果,就是好的实现方法。

可以看出,布局单元格大多都是和它所在的布局表格等高等宽,左侧栏里应用了多个布局单元格。

在现实中,很多时候用网页设计图进行切片来设计网页,但是现阶段,模仿现实中的网页是最好的学习方法,多实践是提高网页设计技能的重要途径。

本实例大量运用了表格进行页面内容的设计,运用表格可以使页面的内容更加整齐、美观,实例中多处使用了合并单元格的技巧。

图 10-16　下载页面布局表格设计

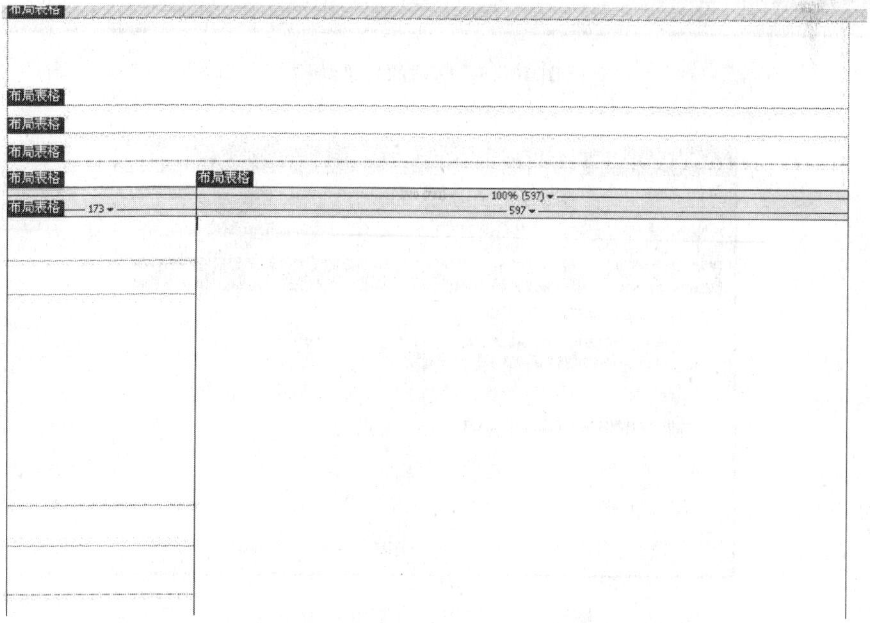

图 10-17　下载页面布局单元格设计

10.4　网站设计

　　网页主要包括的要素有网站标志(Logo)、Banner、导航条、版权信息等。网页经常采用两列或三列布局,其中一列为整个页面的主要内容,其他列为辅助内容,如相关网页、导航、广告、辅助功能等。

　　在进行网站设计的时候,首先要明确网站的内容、目的、网站风格、访问对象和维护策略等,在此基础上进行网站栏目划分,明确一级页面、二级页面、三级页面的内容与风格,设计出网站设计图,进行网站中具体网页的设计。

进行网页设计时,首先要设计网站的目录结构,为网页设计中用到的各种资源设计好存储的目录,图 10-18 给出了一个简单的目录结构的例子。首先需要建立一个新的文件夹(D:/site)用来存储整个网站的内容,这个文件夹对应着 Dreamweaver 的站点,在建立该文件夹后需要到 Dreamweaver 中将该文件夹设置为站点的本地存储目录,如图 10-19 所示。

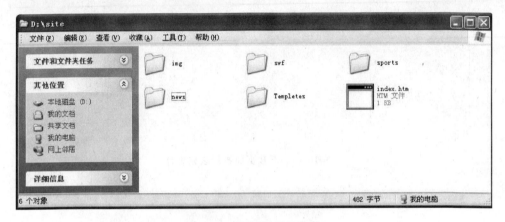

图 10-18 网站的目录结构

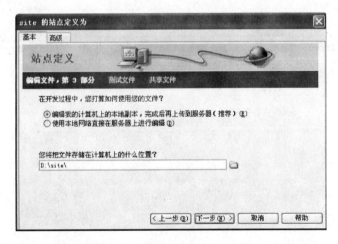

图 10-19 将网站目录设置为站点

在图 10-18 中,建立了 img 文件夹用来存储图片,swf 文件夹用来存储 Flash,sports 文件夹用来存储关于运动的网页,news 文件夹用来存储关于新闻的网页,Templetes 文件夹用来存储模板。建立了 index.htm 作为网站的首页。读者可以借鉴这种思想,为自己的网站建立合适的目录结构。大型网站的目录结构更加复杂,多数可以通过网站中网页的 URL 清楚地看到。

网站首页的文件名必须为 index,扩展名可以是 htm、html、jsp、asp 等。当用户访问 http://www.neusoft.edu.cn 时,其实就是访问 http://www.neusoft.edu.cn/ index.html,浏览器的地址栏中可以只显示 http://www.neusoft.edu.cn。

网站通常可以划分为多级页面,如一个小型网站可以将整个网站划分为三级,分别为一级页面(网站首页)、二级页面(子栏目首页)和三级页面(具体内容);多个三级页面中,只有内容部分不同,其他部分如导航栏、Logo、版权信息、广告、侧栏等一般都是相同的,这样可以保持网站的一致风格。

10.5　习　　题

1. 分析如图 10-20、图 10-21、图 10-22 所示的网页,画出其网页布局示意图。

图 10-20　三列布局

图 10-21　三列布局

图 10-22　两列布局

2．用布局表格完成如图 10-23 和图 10-24 所示的布局。

图 10-23　三列布局

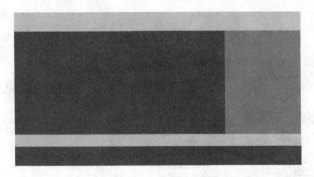

图 10-24　两列居中布局

3．自选网页，获得网页相关资源（图片、Flash 等），模仿完成网页。

第11章　模板和库

学习目标

本章任务是学习如何在 Dreamweaver 中建立模板、定义模板的可编辑区域和其他区域以及如何使用库等基础知识。

核心要点

➢ 创建模板

➢ 库

➢ 创建基于模板的页面

模板和库可以提高网站的创建与更新效率。在网页制作的过程中，为了整体风格统一，很多页面会用到相同的布局、图片或者文字元素。为了避免大量的重复劳动，可以使用 Dreamweaver 提供的模板和库功能，将版面结构相同的页面制作为模板，将相同的元素（如版权信息）制作为库项目，存放在站点中以供随时调用，这样能够帮助网页设计者快速制作大量相似的网页，并能够方便地修改应用了模板和库的所有网页。

模板和库在建设网站的时候是非常有用的，通常一个网站中，可能有几十个甚至上百个页面，有些页面的布局相同，例如说二级页面或者三级页面，这些页面往往是整体风格一致，而各页面的具体内容有所区别，这种和页面布局相关的重用可以使用模板；而如果只是重用网页的一部分，不牵扯到网页的布局，可以使用库。

11.1　模　　板

Dreamweaver 提供的模板功能，可以把网页的布局和内容分开，布局设计好后存储为模板，相同风格的页面使用模板来创建，可以有效提高制作和更新页面的速度。

制作模板和制作普通页面基本相同，通常并不把页面的所有部分完成，只是制作导航条和标题栏等各个页面的公共部分，不同的部分做成可编辑区域，留给每个页面的具体内容。

1. 创建模板的方式

有三种方法可以创建模板。

(1) 直接创建模板

选择【窗口】→【资源】命令，打开【资源】面板，切换到模板子面板，如图 11-1 所示。

单击模板面板上的【扩展】按钮，在弹出菜单中选择【新建模板】，这时在浏览窗口出现一个未命名的模板文件，给模板命名，如图 11-2 所示。

然后单击【编辑】按钮，打开模板进行编辑。编辑完成后，保存模板，完成模板建立。

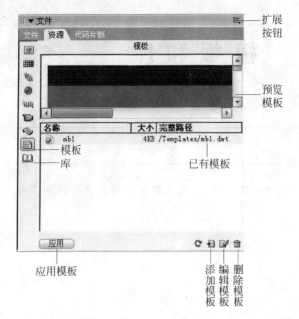

图 11-1　打开【资源】面板

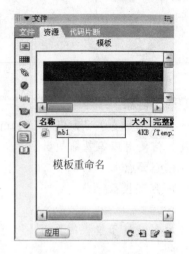

图 11-2　给模板重命名

（2）将普通网页另存为模板

打开一个已经制作完成的网页，删除网页中不需要的部分，保留共同需要的区域。选择【文件/另存为模板】命令将网页另存为模板文件。

在弹出的【另存模板】对话框中，【站点】下拉列表框用来设置模板保存的站点，可选择一个选项。【现存的模板】选框显示了当前站点的所有模板。【另存为】文本框用来设置模板的命名。单击【另存模板】对话框中的【保存】按钮，就把当前网页转换为了模板，同时将模板另存到选择的站点，如图 11-3 所示。

图 11-3　将网页转换为模板

单击【保存】按钮，保存模板。系统将自动在根目录下创建 Template 文件夹，并将创建的模板文件保存在该文件夹中。

在保存模板时，如果模板中没有定义任何可编辑区域，系统将显示警告信息。可以先单击【确定】按钮，以后再对此模板进行修改，定义可编辑的区域。

（3）从文件菜单新建模板

单击 Dreamweaver 菜单栏中的【文件】→【新建】，选择从模板新建页面中的【常规】→

【基本页】→【HTML 模板】选项,然后直接单击【创建】按钮即可,如图 11-4 所示。

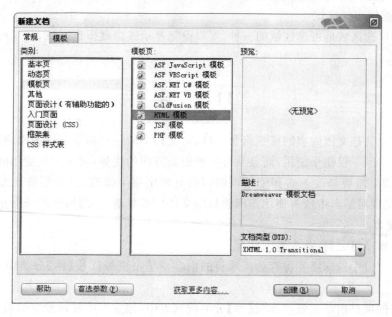

图 11-4　从菜单创建模板页

2. 定义可编辑区域

模板创建好后,要在模板中建立可编辑区域,只有在可编辑区域里,我们才可以编辑网页内容。可以将网页上任意选中的区域设置为可编辑区域,但是最好是基于 HTML 代码的,这样在制作的时候更加清楚。

在文档窗口中,选中需要设置为可编辑区域的部分,单击常用快捷栏的【模板】按钮,在弹出菜单上选择【可编辑区域】项,如图 11-5 所示。

在弹出的【新建可编辑区域】对话框中给该区域命名,然后单击【确定】按钮。新添加的可编辑区域有蓝色标签,标签上是可编辑区域的名称。

图 11-5　设定可编辑区域

如果希望删除可编辑区域,可以将光标置于要删除的可编辑区域内,选择【修改】→【模板】→【删除模板标记】命令,光标所在区域的可编辑区即被删除,这样模板文件就创建好了。

3. 其他模板区域

模板中除了可以插入最常用的【可编辑区域】外,还可以插入一些其他类型的区域,分别为【可选区域】、【重复区域】、【可编辑可选区域】和【重复表格】等。

（1）可选区域

可选区域是模板中的区域,用户可将其设置为在基于模板的文件中显示或隐藏。当要为文件内容设置显示条件时,即可使用可选区域。

（2）重复区域

重复区域是可以根据需要在基于模板的页面中赋值任意次数的模板部分。重复区域通常用于表格,也可以为其他页面元素定义重复区域。

(3) 可编辑可选区域

可编辑可选区域是可选区域的一种,可以设置显示或隐藏所选区域,并且可以编辑该区域中的内容。

11.2 库

库实际上就是文档内容的任意组合,可以将文档中的任意内容存储为库项目,在其他地方重复使用。库不仅便于使用,而且具有维护更新方面的优势,对于重复使用的定制为库项目的内容,如果需要修改不必到使用该内容的页面中逐个修改,只需要将该库项目进行修改,就可以实现对站点中所有使用该库项目的文档同步更新,实现风格的统一更新。

1. 创建库

在使用库项目之前,首先要创建库。

在文档窗口中选择需要保存为库项目的内容。单击资源面板【库】分类中右下角的【新建库】按钮。

一个新的项目出现在资源面板【库】分类的列表中,预览框中显示预览的效果,还可以给该项目添加新名称。这样,一个库项目就创建好了。

2. 插入库

将光标放在网页中需要插入库的位置,在资源面板【库】分类中选择需要插入的库,直接拖动到光标所在位置即可。

3. 更改库

如果修改了库,选择【文件】→【保存】命令,弹出【更新库项目】的对话框,询问是否更新使用了该库项目的网页。单击【更新】按钮,可以更新网站中所有使用了这个库项目的网页。

11.3 创建基于模板的页面

【实例 11-1】

【实例描述】

制作自己的网站模板,并且基于模板创建三个页面:

- 首页:index. html。
- 流行音乐:lxyy. html。
- 心情日记:xqrj. html。

布局如图 11-6、图 11-7、图 11-8 所示。

【实例分析】

具体制作步骤如下。

1. 新建 HTML 模板

如图 11-4 所示,单击 Dreamweaver 菜单栏中的【文件】→【新建】,选择从模板新建页面中的【常规】→【基本页】→【HTML 模板】选项,然后直接单击【创建】按钮即可,注意模板文件的后缀是. dwt。

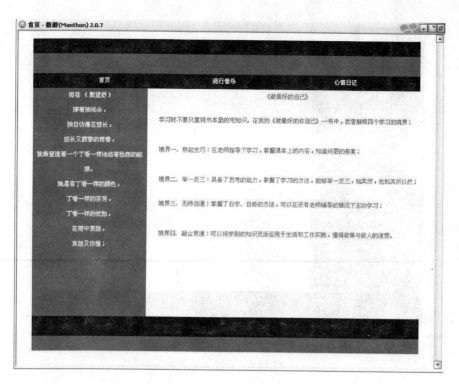

图 11-6　网站的首页

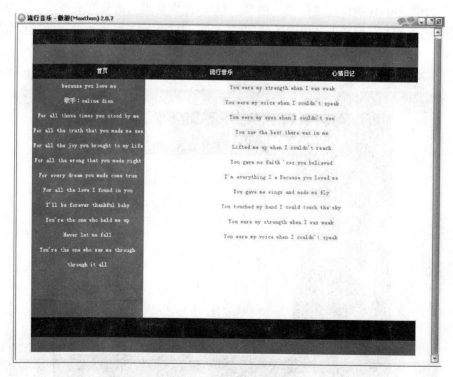

图 11-7　流行音乐页面

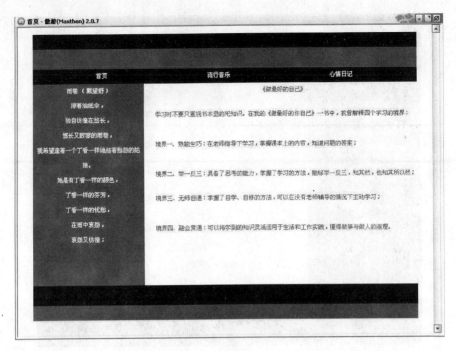

图 11-8　心情日记页面

2．布局模板

在新的模板中，按照设计进行统一的页面布局，注意这里只需要完成各个页面共同的部分，将不同内容的部分设置为可编辑区域（方法如图 11-5 所示），完成布局后的模板如图 11-9 所示。

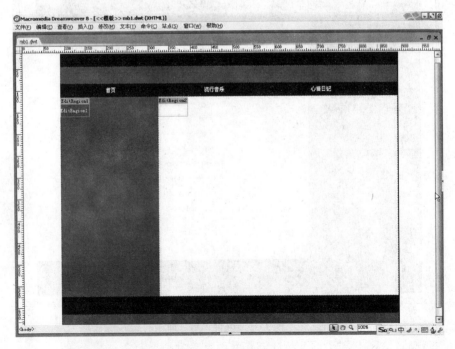

图 11-9　布局模板

需要注意的是,图 11-9 中两个绿色的区域就是可编辑区域 EditRegin1 和 EditRegin2,在由模板生成的三个页面中,只有这两个区域是可以修改的,页面其他地方都不允许更改。

3. 制作超链接

为了方便、快捷地制作导航条链接,最好此时在模板中设置超链接,方法如图 11-10 所示。其他两个页面导航设置链接的方式相同,不过要注意,提前设计好每个页面的名称和存放位置,防止后面调用的时候出现名称或者路径错误。

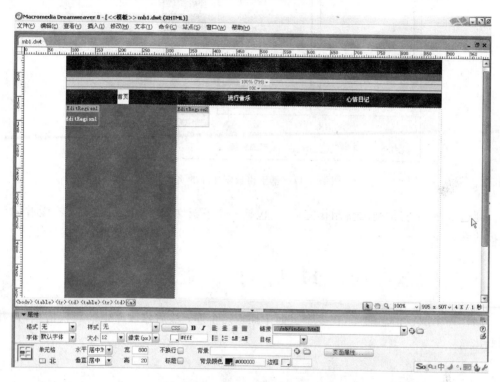

图 11-10　设置模板中的导航链接

4. 保存模板

模板制作完成后,单击 Dreamweaver 菜单栏中的【文件】→【保存】即可,或者选择【另存为模板】,可以设置此模板所属的站点。

注意模板文件都是保存在站点中特定的文件夹下:站点文件夹/Templates/ * .dwt。

至此,一个完整的模板文件已经制作完成了。

5. 基于模板生成新的页面

利用已有的模板可以生成许多布局相同的页面,具体步骤是单击 Dreamweaver 菜单栏中的【文件】→【新建】,选择从模板新建页面中的【模板】→【所属站点】→【模板名称】选项,如图 11-11 所示。

6. 编辑新页面

在基于模板生成的新页面中,只有可编辑区域能够编辑,所以根据每个页面的主题不同,在可编辑区域添加不同的文字和图片。

制作完成后,保存 HTML 页面,注意与前面超链接地址的命名保持一致。

142

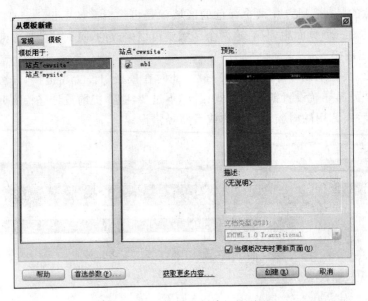

图 11-11　基于模板创建新的页面

　　到这里,整个实例网站就制作完成了,包括一个模板文件、三个页面,大家有没有体会到模板的魅力呢?

11.4　习　　题

　　制作一个版权信息的库,在多个页面中插入这个库;然后修改库中的版权信息,查看页面变化。

第12章　层 与 行 为

学习目标

通过本章的学习,应该能够在 Dreamweaver 中进行层布局,掌握事件的概念、行为等基本知识,并且能够在 Web 页面中把层与行为结合起来。

核心要点

➢ 层布局

➢ 行为

➢ 层与行为的结合

层是 HTML 中的一种页面元素,用户可以将它定位在页面上的任意位置。层可以包含文本、图像或其他任何 HTML 文档中的内容。

利用 Dreamweaver,可以在不进行任何 JavaScript 或 HTML 编码的情况下放置层。可以将层前后放置、隐藏某些层而显示其他层,以及在屏幕上移动层。利用层可以非常灵活地放置内容,并且可以将层转换为表格,使人们能够完美地查看 Web 页。

许多 Web 页只包含文本和图像,没有任何交互元素。在 Dreamweaver 中使用 JavaScript 行为,提供互动功能可以使访问者更感兴趣。

12.1　层

层是页面中元素的容器,借助层可以轻松实现这些元素的精确定位。层在网页的位置不受限制,可以放置在页面中的任何位置,而且还可以是重叠的。同时层与时间轴结合,可以轻松地在页面上制作出动态效果。所有这些大大加强了网页设计的灵活性。

12.1.1　创建层

Dreamweaver 提供三种创建层的方法。

- 单击【布局】分类工具栏上的描绘层按钮 ▤,即可拖曳出一个层。
- 选择菜单栏上的【插入】→【布局对象】→【层】命令,插入一个默认大小的层。
- 通过 CSS 样式来创建层。

在本节中,只介绍了前两种方法,至于采用 CSS 样式来定义层的说明,会在后面的章节中介绍。

1. 插入多个层

按住 Ctrl 键的同时,单击插入面板上的描绘层按钮 ▤,便可以在页面中一次插入多个层。图 12-1 为在页面中绘制 6 个层。

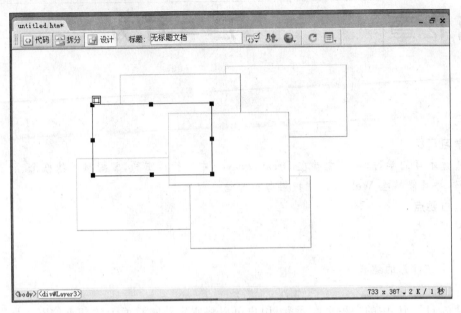

图 12-1　绘制多个层

2．创建嵌套层

嵌套层是其代码包含在另一个层中的层。嵌套层通常用于将层组织在一起，它随其父层一起移动，并且可以设置为继承其父层的可见性。

插入嵌套层的具体操作步骤如下：

步骤 1　将鼠标的光标定位在已插入的层中。

步骤 2　选择【插入】→【布局对象】→【层】命令，在当前光标位置插入一个嵌套的子层，其嵌套关系可以从【层】面板中识别，如图 12-2 所示。

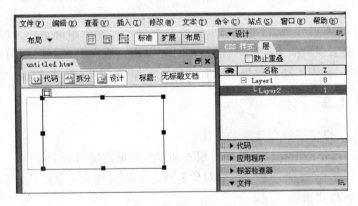

图 12-2　插入嵌套层

12.1.2　层的基本操作

层是页面布局的一项常用技术。层的基本操作主要包括激活层、选择层、移动层、缩放层大小、排列层、对齐层、删除层、显示或隐藏层、更改层的名称和设置层的属性。

1. 激活层

如果用户想要编辑一个层的内容,首先要激活该层。在层中的任意位置单击鼠标左键,插入点光标将会在该层中闪烁,表明该层已被激活,处于当前可编辑状态,如图 12-3 所示。用户可以根据需要编辑该层。

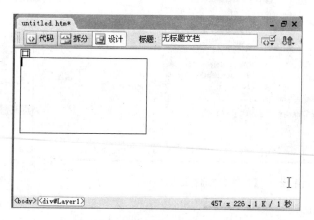

图 12-3　激活层

2. 选择层

在进行属性设置之前必须先选定层,选定层的常用方法有以下几种:

(1)单击层边框。如果要一次选择多个层,需在按住 Shift 键的同时单击层的边缘,如图 12-4 所示。

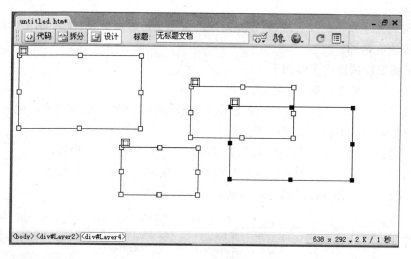

图 12-4　选择多个层

(2)在编辑区中单击【层锚记】按钮 ,该层即被选中。如果用户想在编辑区中看到【层锚记】按钮 ,按 Ctrl+U 键,弹出【首选参数】对话框,在此对话框中选中【不可见元素】选区中的【层锚记】复选框,如图 12-5 所示。

(3)在【层】面板中单击需要的层,该层即被选中,如图 12-6 所示。

146

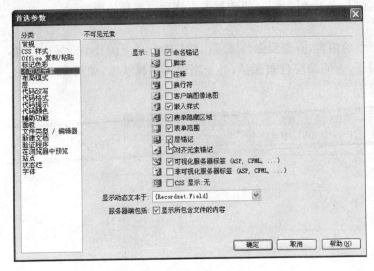

图 12-5 【首选参数】对话框　　　　　　　　　图 12-6 选择层

3. 移动层

使用层可以对编辑区中的内容定位,移动层时,其中的内容也将随着层移动,这是层的一个特点。移动层的方法有以下 3 种:

(1) 选中编辑区中的层,使用键盘上的方向键移动,每次可移动 1 个像素。

(2) 选中编辑区中的层,按住 Shift 键的同时使用方向键,每次可以移动 10 个像素。

(3) 使用鼠标选中并拖动层。

4. 缩放层

如果层的大小并不是很合理,就需要对层的大小进行一些调整,使其满足要求。改变层的大小的方法有两种:

(1) 鼠标拖动法操作步骤如下:

步骤 1　选中需要调整大小的层。

步骤 2　将鼠标移动到选中层的控制点上,拖动鼠标,调整层的宽度和高度。

(2) 键盘调整法的操作方法如下:

• 选中层,按住 Ctrl 键的同时使用方向键,一次可以调整 1 个像素。

• 选中层,按住 Shift 键的同时使用方向键,一次可以调整 10 个像素。

• 选中层,可直接在【属性】面板中输入大小值,如图 12-7 所示。

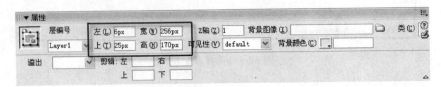

图 12-7 【属性】面板

5. 排列层

在 Dreamweaver 中,层是按照用户创建的先后顺序排列的。先创建的层排在下面,后创建的层排在上面。为了编辑层的方便，有时需要对层的顺序进行调整。

排列层的具体操作步骤如下：

步骤 1　按 F2 键，打开【层】面板。

步骤 2　选中需要排列顺序的层，按住鼠标左键并拖动进行位置调换，调整好位置后，松开鼠标左键即可完成操作，如图 12-8、图 12-9 所示。

图 12-8　排列前　　　　　　　　　　　图 12-9　排列后

6. 对齐层

当用户使用层对网页进行布局时，将层分别拖动并对齐是一件很麻烦的事。在此，用户可以使用 Dreamweaver 提供的对齐工具来对齐每个层。对齐层的具体操作步骤如下：

步骤 1　选中编辑区中需要对齐的层。

步骤 2　选择【修改】→【对齐】命令下的子命令可完成相应的操作，如图 12-10 所示。

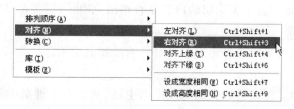

图 12-10　对齐层

7. 显示和隐藏层

若要显示或隐藏层代码标记或层边框，具体操作步骤如下：

步骤 1　选择【查看】→【可视化助理】→【不可见元素】命令，以显示不可见元素。

步骤 2　选择【查看】→【可视化助理】→【层边框】命令，如图 12-11 所示，在编辑区中显示层边框。

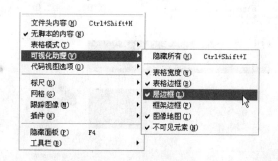

图 12-11　显示或隐藏层

层与行为

8. 设置层的属性

层的属性设置和表格的属性设置基本相同，层的【属性】面板如图 12-12 所示，可在其中设置层在页面中的显示方式、大小和背景等属性。

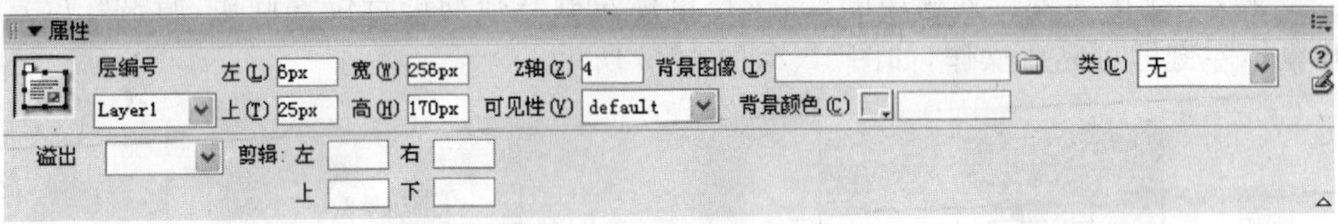

图 12-12　层的属性

其中，【可见性】用来确定初始化层的显示情况。它有 4 种模式可供用户选择：

- default：它是 Dreamweaver 默认模式，一般继承父层的可见性。
- inherit：选择此项表示使用父层的可见性。
- visible：选择此项表示显示层中的内容，与父层无直接关系。
- hidden：选择此项表示隐藏层中的内容，与父层无直接关系。

在属性面板中的【溢出】表示当层中内容的大小超过层的大小时，在此下拉列表中可选择一个可以控制层内容在浏览器中显示方式的选项。

- visible：选择此项表示自动向下及向右扩大层的大小以容纳层中的所有内容。
- hidden：选择此项将保持层的原始大小尺寸，超出范围的内容将不被显示。
- scroll：选择此项表示无论层的内容是否超出范围，浏览者在浏览网页时都会看到层旁边的滚动条。
- auto：选择此项表示内容超出范围时自动添加滚动条。

9. 删除层

删除层非常简单。用户可以在编辑区中选中层，然后按下键盘中的 Delete 键即可；也可在【层】面板中选中层按 Delete 键删除。

【实例 12-1】

【实例描述】

层与表格的转换。通过层与表格转换的方法来制作如图 12-13 所示的页面。

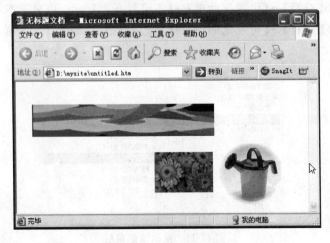

图 12-13　层与表格转化

【实例分析】

步骤1　首先,在页面中绘制3个层,为了保证层之间不发生重叠,可以勾选层面板上的【防止重叠】复选框。3个层的位置应该和页面图像的位置相符,如图12-14所示。

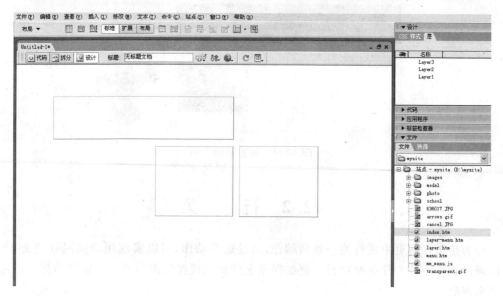

图12-14　三个层的位置

步骤2　然后将鼠标分别放置在3个层内,插入相应的3张图片,如图12-15所示。

图12-15　层中的图片

在此时按下F12键预览,如果是4.0版本以上的浏览器,页面显示基本正常了。但为了兼容低版本浏览器,应该进行层与表格的相互转换。

步骤3　选择【修改】→【转换】→【层到表格】命令,在出现的对话框中选择所需的选项。转换之后的表格如图12-16所示。

将层转换为表格之后,如果仍希望调整层在页面中的位置,可以将表格选中,然后选择【修改】→【转换】→【表格到层】命令。

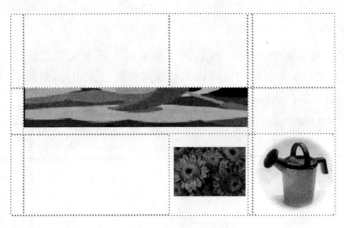

图 12-16　转换后的表格

12.2　行　　为

行为是指在网页中进行的一系列动作,通过这些动作,可以实现用户同网页的交互,也可以通过动作使某个任务被执行。例如网站上的弹出式提示窗口或广告窗口等都是通过行为来实现的。

Dreamweaver 内置了多种行为,即使用户不熟悉 JavaScript 代码,也可以实现同网页的交互的效果。

12.2.1　认识行为

行为由 Event 事件和 Action 动作两个基本元素组成。通常,动作是一段 JavaScript 代码,利用这些代码可以完成相应的任务;事件则由浏览器定义,它可以被附加到各种页面元素上,也可以被附加到 HTML 标记中,并且一个事件总是针对页面元素或标记而言的。

选择主菜单【窗口】→【行为】命令可打开行为标签,用于设置和编辑行为。利用行为标签可以为选定对象增加行为(单击按钮 **+**)、删除行为(单击按钮 **-**),调整行为的顺序(单击按钮 ▲ 、▼),选定所使用的浏览器版本。在为选定对象增加了行为后,可利用行为的事件列选择触发该行为的事件,如图 12-17 所示。

图 12-17　【行为】标签

12.2.2　认识事件

行为实际上是事件与动作的联合,事件用于指明执行某项动作的条件,如鼠标移到标签上方(onMouseOver)、离开标签(onMouseOut)、单击标签(onClick)、双击标签(onDbClick)等都是事件;动作实际上是一段执行特定任务的预先写好的 JavaScript 代码,如打开窗口、播放声言、停止 Shockwave 等都是动作。

事件由浏览器定义、产生与执行,onMouseOut、onMouseOver 和 onClick 在大多数浏览器中都用于与某个具体标签关联,而 onLoad 则用于与图片及文档的 body 关联。

事件、标签(如 p、td、body 等)、行为是不可分割的三要素。如 p 和 onClick 事件结合在一起使用,只有当单击 p 标签内部时,才会引发相关行为。

12.2.3 向页面中添加行为

要为页面中的元素附加行为,可按如下步骤进行操作:

步骤 1 选择对象。

步骤 2 添加动作。

步骤 3 调整事件。

【实例 12-2】

【实例描述】

向页面中添加行为。通过 5 个小例子,介绍弹出信息、打开浏览器窗口、设置状态文本、检查表单和显示弹出式菜单等基本行为。

【实例分析】

1. 弹出信息

在打开网页的时候,经常会看到弹出一个提示消息。实际上这是一个带有指定的消息的 JavaScript 警告,具体制作步骤如下:

步骤 1 首先在页面中选择左下角标签选择器中的 body 标签,这就是选择对象,如图 12-18 所示。

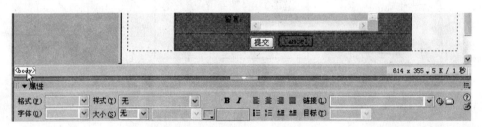

图 12-18 选择 body 标签

步骤 2 然后打开行为面板,单击加号(+)按钮并从【动作】弹出式菜单中选择【弹出信息】,如图 12-19 所示。并在如图 12-20 所示的【消息】文本框中输入自定义的消息,然后单击【确定】按钮。

图 12-19 添加动作

步骤 3 最后观察此刻的行为面板如图 12-21 所示,从下拉列表中选择事件为 onLoad,表示页面载入完毕。

图 12-20　设置消息内容　　　　　　　　图 12-21　调整事件

步骤 4　保存并预览该页面,如图 12-22 所示。

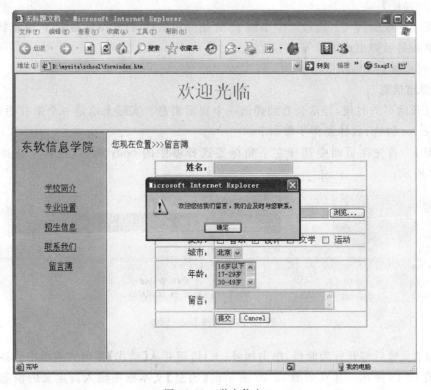

图 12-22　弹出信息

2. 打开浏览器窗口

在浏览各大门户网站时,经常会看到打开网站首页的同时,弹出了一个小型的浏览器窗口,在窗口中显示了另外一个页面的内容,主窗口显示内容,小窗口显示广告。

这是使用【打开浏览器窗口】动作实现的。这可以在一个新的窗口中打开 URL,具体操作步骤如下:

步骤 1　首先准备好两个页面,分别为主窗口页面和弹出窗口页面,如图 12-23 和图 12-24所示,然后进入主窗口页面的编辑窗口。

步骤 2　在主页面中选择左下角标签选择器中的 body 标签作为对象。

步骤 3　单击加号按钮(＋)并从【动作】弹出式菜单中选择【打开浏览器窗口】。在弹出的如图 12-25 所示的对话框中进行设置。

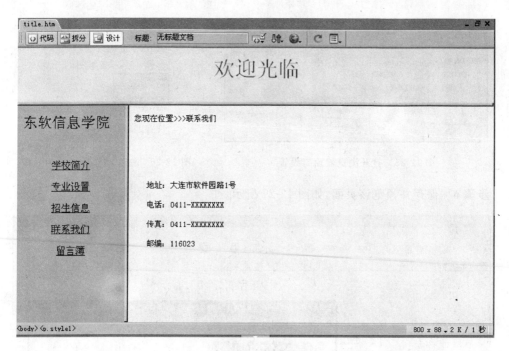

图 12-23　主页面

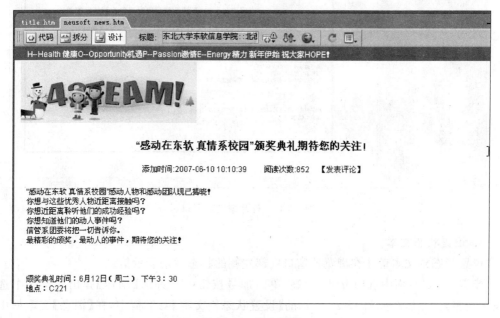

图 12-24　弹出页面

步骤 4　单击【浏览】选择刚才制作好的弹出窗口的页面。设置窗口宽度、窗口高度及其他相关属性,窗口名称是新窗口的名称。

步骤 5　最后,在行为面板中调整事件为 onLoad,页面制作完成。此时的行为面板如图 12-26 所示。

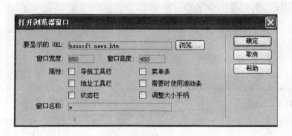

图 12-25　打开浏览器窗口设置　　　　　图 12-26　添加动作后的行为面板

步骤 6　保存并预览该页面，如图 12-27 所示。

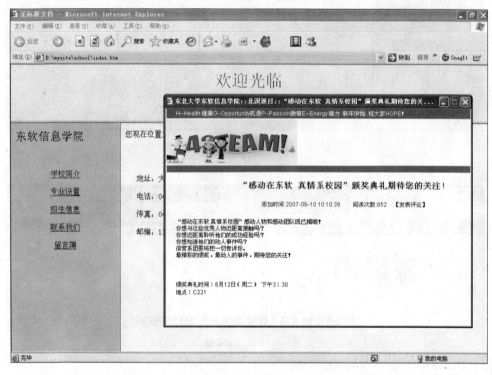

图 12-27　打开浏览器窗口

3. 设置状态文本

设置状态栏文本动作在浏览器窗口底部左侧的状态栏中显示信息。

步骤 1　在页面中选中 body 标签，单击加号按钮（＋）并从【动作】弹出式菜单中选择【设置文本】。然后在如图 12-28 所示的【设置状态栏文本】对话框中，在【消息】文本框中输入消息。

图 12-28　【设置状态栏文本】窗口

步骤 2 将行为面板中的事件调整为 onLoad，当页面载入后，状态栏出现文本。

步骤 3 保存并预览该页面，如图 12-29 所示。

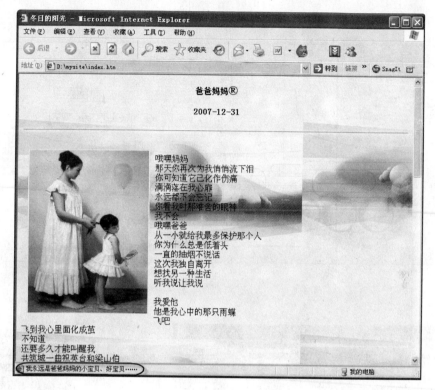

图 12-29 设置状态栏文本

4. 检查表单

检查表单动作检查指定文本域的内容以确保用户输入了正确的数据类型。使用 onBlur 事件将此动作附加到单个文本域，在用户填写表单时对域进行检查；或使用 onSubmit 事件将其附加到表单，在用户单击【提交】按钮时同时对多个文本域进行检查。将此动作附加到表单，防止表单提交到服务器后任何指定的文本域包含无效的数据。

下面打开之前制作过的留言簿页面，准备对其进行表单内容的检查，如图 12-30 所示。

步骤 1 在文档窗口左下角的标签选择器中单击＜form＞标签，然后从【动作】弹出式菜单中选择【检查表单】。

步骤 2 在如图 12-31 所示的对话框中进行设置。

针对每一个列出的表单元素，如果该域必须包含某种数据，则选择【必需的】选项。然后从以下【可接受】选项中选择一个：如果该域是必需的但不需要包含任何特定种类的数据，则使用【任何东西】；使用【电子邮件地址】检查该域是否包含一个@符号；使用【数字】检查该域是否只包含数字；使用【数字从…到…】检查该域是否包含指定范围内的数字。

步骤 3 设置完成后，onSubmit 事件自动出现在【事件】弹出式菜单中，如图 12-32 所示。

这样，用户在填写了不符合规范的信息，单击【提交】按钮后，浏览器会根据用户填写的情况给出警告，如图 12-33 所示就是用户没有填写姓名的警告消息。

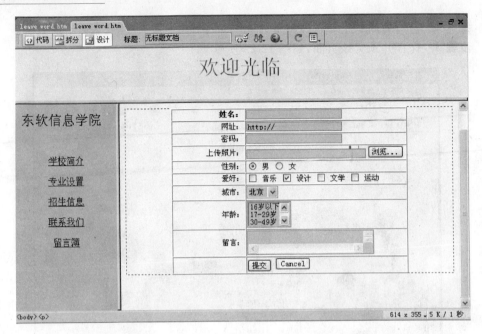

图 12-30　留言簿页面

图 12-31　检查表单

图 12-32　添加后的行为面板

步骤 4　如果希望将提示信息更换为中文,可以修改源代码中的相关英文文字,如图 12-34 所示就是改变了部分文字后的警告信息显示。

5. 显示弹出式菜单

使用显示弹出式菜单行为来创建或编辑 Dreamweaver 弹出式菜单。

步骤 1　在如图 12-35 所示的视图中选择 Products 作为要附加行为的对象。

步骤 2　在行为面板上,单击加号按钮(＋)并从【动作】弹出式菜单中选择【显示弹出式菜单】。在出现的如图 12-36 所示的【显示弹出式菜单】对话框中,使用以下选项卡来设置弹出式菜单的选项。

步骤 3　在【内容】选项卡中,通过执行以下操作创建一个弹出式菜单项:在【文本】文本框中,选择默认文本(【新建项目】),然后输入要显示在弹出式菜单中的文本。如果希望在单击该菜单项时打开另一个文件,则在【链接】文本框中输入文件路径或单击文件夹图标并浏览要打开的文档。如果要设置文档打开的位置(例如在新窗口中或在特定的框架中),则在【目标】下拉列表中选择所需的位置。单击加号按钮(＋)将其他项添加到【显示弹出式菜单】预览列表中。

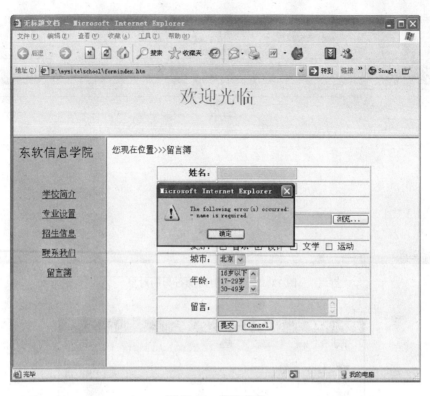

图 12-33　警告信息

图 12-34　中文警告信息

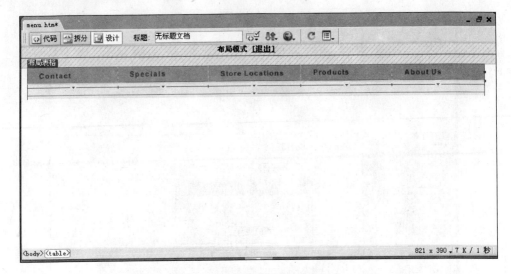

图 12-35　选择要附加行为的对象

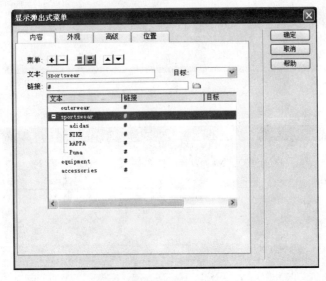

图 12-36　【显示弹出式菜单】对话框

步骤 4　若要创建子菜单项,在【显示弹出式菜单】列表中,选择要将其创建为子菜单项的项,单击【左缩进项】按钮。若要删除缩进,请单击【缩进项】按钮,如图 12-37 所示。

步骤 5　【外观】选项卡可以设置菜单一般状态和滑过状态的外观以及这个菜单项文本的字体选择。选择【垂直菜单】或【水平菜单】来设置菜单的方向。在【字体】下拉列表中,选择要应用于菜单项的字体。设置菜单项文本的字体大小、样式属性,以及文本对齐或版面调整选项。在【一般状态】和【滑过状态】区域中使用颜色选择器设置菜单项按钮的文本和单元格颜色,如图 12-38 所示。

步骤 6　【高级】选项卡可以设置菜单单元格的属性。例如,可以设置单元格的宽度和高度、单元格颜色和边框宽度、文本缩进等,如图 12-39 所示。

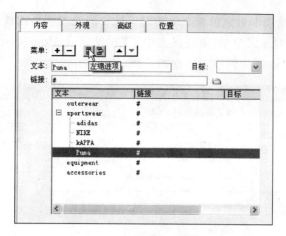

图 12-37 左缩进项和缩进项

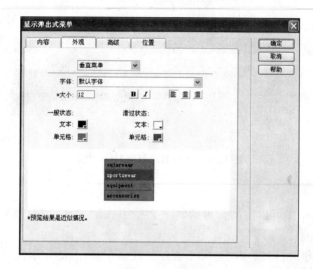

图 12-38 外观设置

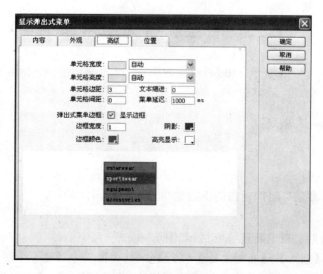

图 12-39 高级设置

步骤 7 【位置】选项卡可以设置菜单相对于触发图像或链接的放置位置。若要在鼠标指针不在其上时隐藏弹出式菜单，请确保选中了【在发生 onMouseOut 事件时隐藏菜单】复选框。若要让菜单显示，则取消该复选框的选择，如图 12-40 所示。

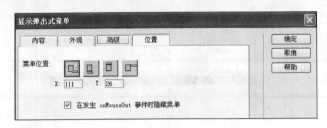

图 12-40　位置设置

步骤 8 保存并预览该页面，如图 12-41 所示。

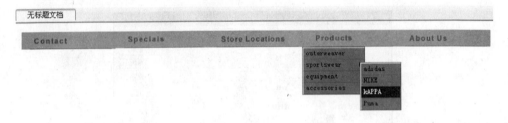

图 12-41　【弹出式菜单】显示效果

【实例说明】

在 Dreamweaver 中可以附加行为到整个文档中或附加到链接、图像、组成元素或任何其他 HTML 元素中。

为对象附加动作时，可以一次为每个事件关联多个动作，动作的执行按照在行为标签的动作列表中的顺序执行。

12.3　将层和行为结合起来

下面介绍层和行为的综合应用，利用层的特点、行为的功能，可以实现非常丰富的视觉特效。

12.3.1　显示-隐藏层

【实例 12-3】

【实例描述】

使用"显示-隐藏层"制作动态的下拉菜单。

【实例分析】

步骤 1 在网页文档中新建导航栏，如图 12-42 所示。

步骤 2 选择【插入】→【布局对象】→【层】命令，在窗口中新建一个层。

步骤 3 设置层的属性，并将光标定位于层内，选择【插入】→【表格】命令，插入一个四

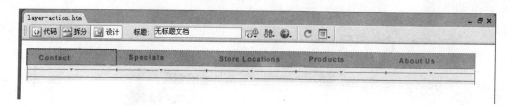

图 12-42　新建导航栏

行一列的表格。

　　步骤 4　在表格中输入内容，如图 12-43 所示。

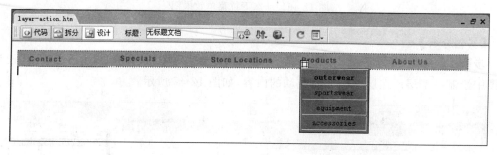

图 12-43　输入表格内容

　　步骤 5　在新建的导航栏中选中 Products 文本，选择【窗口】→【行为】命令，打开【行为】面板，如图 12-44 所示。

　　步骤 6　单击【添加行为】按钮 ，在弹出的下拉菜单中选择【显示-隐藏层】命令，弹出如图 12-45 所示的【显示-隐藏层】对话框，在该对话框的【命名的层】列表中选择要更改其可见性的层。单击【显示】以显示该层，单击【隐藏】以隐藏该层。并将显示层的鼠标事件设置为 onMouseOver，隐藏层的鼠标事件设置为 onMouseOut。

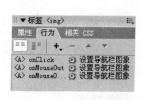

图 12-44　【行为】面板

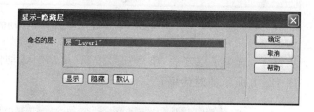

图 12-45　【显示-隐藏层】对话框

　　步骤 7　保存并预览该页面，如图 12-46 所示。

　　【实例说明】

　　显示-隐藏层行为可以显示、隐藏或恢复一个或多个层的默认可见性。此行为经常用于在用户与页面进行交互时显示信息。

12.3.2　拖动层

【实例 12-4】

【实例描述】

拖动层。

图 12-46　动态下拉菜单效果图

【实例分析】

步骤 1　首先单击插入栏上【布局】菜单中的【描绘层】按钮，并在【文档】窗口的【设计】视图中绘制一个层。在层中插入要拖动的内容，如图 12-47 所示。

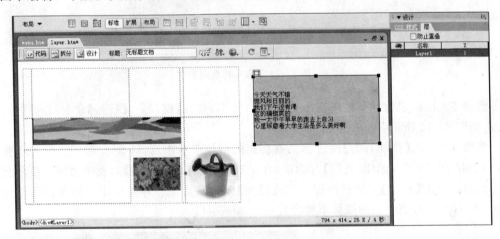

图 12-47　在层中插入要拖动的内容

步骤 2　选中了层之后，单击加号按钮（＋）并从【动作】弹出式菜单中选择【拖动层】，弹出如图 12-48 所示的对话框。

图 12-48　【拖动层】对话框

步骤 3　在【层】下拉列表中，选择要使其可拖动的层。从【移动】下拉列表中选择【限制】或【不限制】。不限制移动适用于拼图游戏和其他拖放游戏。对于滑块控件和可移动的

第三篇

CSS 篇

　　CSS 已经逐渐成为网页设计中的核心技术，CSS 不但可以用于网页内容的表现，而且可以用于网页的整体布局。本篇前半部分主要介绍了 CSS 的基础知识，重点为 CSS 的相关概念和语法，突出内容与表现相分离的思想；后半部分主要介绍基于 CSS 的整体网页设计方法，重点为盒模型、CSS 的布局方法以及 DIV＋CSS。

　　本篇主要内容包括：

- CSS 基本概念
- CSS 选择符
- 常用 CSS 属性
- 在 Dreamweaver 中使用 CSS
- 盒模型
- CSS 布局
- DIV＋CSS
- 常用工具

布景（例如文件抽屉、窗帘和小百叶窗等），请选择限制移动。

　　步骤4　单击【确定】按钮后，将行为面板中的鼠标事件调整为 onMouseDown，代表鼠标按下并未释放的时候拖动层。图 12-49 为预览时拖动层前后的效果。

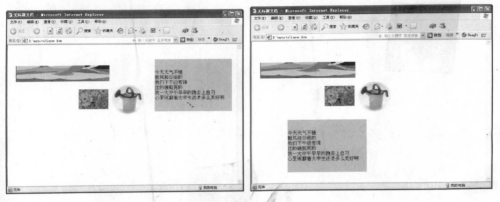

图 12-49　可以拖动的层

【实例说明】

　　拖动层动作允许访问者拖动层。使用此动作可以创建拼图游戏、滑块控件和其他可移动的界面元素。

　　可以指定访问者向哪个方向拖动层（水平、垂直或任意方向）、访问者应该将层拖动到的目标、如果层在目标较少数目的像素范围内是否将层靠齐到目标、当层接触到目标时应该执行的操作和其他更多的选项。

12.4　习　　题

　　请将层与行为结合起来，制作一个显示-隐藏层的页面。使得用户与页面进行交互时显示信息：当用户将鼠标指针滑过栏目图像时，可以显示一个层给出有关该栏目的说明、内容等详细信息，效果如图 12-50 所示。

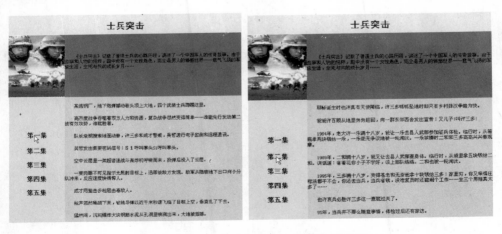

图 12-50　层与行为相结合——显示-隐藏层

- 相关代码如下。

```html
<html>
<head>
<title>第一个 CSS</title>
    <style type = "text/css">
    <!--
    .s1 {font - size: 57px;color: green;}
    .s2 {color: red;}
    -- >
    </style>
</head>
<body>
    <p class = "s1">应用了 s1 样式,绿色,字体大小 57px </p>
    <span class = "s2">应用了 s2 样式,字体为红色</span>
</body>
</html>
```

【实例说明】

在实例 13-1 中,首先定义了两个样式.s1 和.s2,s1 定义了属性 font-size,属性值为 57 px,定义了属性 color,属性值为 green; s2 定义了一个属性 color,属性值为 red。

在网页的 body 中,分别调用了 s1 和 s2 两个样式,调用类选择符的 CSS 样式必须将样式应用在某个标签(如 span、p 等)上。如实例 13-1 中,"应用了 s1 样式,绿色,字体大小 57 px " 这段代码既保持了 p 标签原有的"分段、换行"特性,内部的字体的颜色又按照 CSS 的定义显示。

实例 13-1 在 HTML 内部定义了 CSS 样式,CSS 样式的定义在 HTML 的头部(<head>和</head>之间),定义的固定简化语法如下:

```css
<style type = "text/css">
    <!--
    .样式名 1{样式属性 1:属性值;样式属性 2:属性值; }
    .样式名 2{样式属性 1:属性值;样式属性 2:属性值; }
    -- >
</style>
```

一个 CSS 定义中可以定义多个 CSS 样式,一个 CSS 样式中可以定义多个属性。

在 HTML 中应用类选择符的语法如下:

```html
<p class = ".样式名 1"></p>
```

其中 p 可以根据实际情况换成其他标签,如 span 等。

【注意事项】

- 在实例 13-1 中,CSS 样式名以"."开头,如.s1、.style1 等,这种 CSS 定义方法称为类选择符(Class Selector)。
- 在实例 13-1 中,CSS 定义在 HTML 内部,按照定义的位置,这种 CSS 定义称为内部 CSS。
- 学习这一部分,一定要清楚 CSS 的定义和 CSS 的应用。只定义 CSS 没有应用看不到 CSS 的显示效果,没有定义 CSS 样式就不能应用。

- <!--和-->标记称为越过标记,当浏览器不支持 CSS 语法时,会自动越过此标记。这是历史遗留写法,为了在某些不支持 CSS 的浏览器中不显示 CSS 的定义。

【问题】
- 什么是 CSS 的属性和属性值?说出你知道的 CSS 属性。
- 实例 13-1 中的 s1 样式可以在 HTML 中应用多次吗?实践并说出结果。

13.4 常用属性

CSS 有很多属性,CSS 的属性和属性值都是由国际组织定义的,CSS 属性的学习与应用是 CSS 学习的重要内容。

1. 行高

【实例 13-2】

【实例描述】

实例 13-2 的显示效果如图 13-2 所示,图中共有 6 行文字,其中第 3 行和第 4 行应用了 CSS 样式,定义了行高(line-height)属性,属性值为 500%。其他行没有应用 CSS 样式。

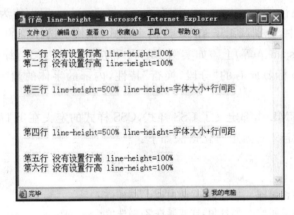

图 13-2　行高(line-height)

【实例分析】
- 实例要求用代码完成,可在 Dreamweaver、EditPlus、记事本等工具中输入代码,推荐使用 Dreamweaver 的代码视图。
- 相关代码如下。

```
<html>
<head>
<title>行高 line - height</title>
    <style type = "text/css">
    <!--
    .s3 {line - height: 500 % ;color: #0000FF; font - size: 1em;}
    -->
    </style>
</head>
<body>
```

第一行 没有设置行高 line - height = 100 %
第二行 没有设置行高 line - height = 100 %
<span class = "s3">
第三行 line - height = 500 % line - height = 字体大小 + 行间距
第四行 line - height = 500 % line - height = 字体大小 + 行间距
</span>
第五行 没有设置行高 line - height = 100 %
第六行 没有设置行高 line - height = 100 %
</body>
</html>

【实例说明】

行高(line-height)属性是 CSS 的常用属性,指的是文本行的基线间的距离,可以简单地理解为字体大小＋行间距(相同行高的行之间)。

实例 13-2 中首先在 head 中定义了 CSS 样式.s3,s3 定义了 3 个属性 line-height(行高)、color(字体颜色)和 font-size(字体大小),然后在页面中的第 3 行和第 4 行文字上应用了 s3 样式。

行高的属性值为 500%,是相对长度单位,表示正常字体大小的 500%。

font-size 的属性值为 1 em,em 是字体高,其绝对高度可以根据用户需求而改变。

【问题】

观察图 13-2 和代码,回答下列问题。

- 第 2 行和第 3 行的行间距是多少?
- 第 3 行和第 4 行的行间距是多少?
- 第 4 行和第 5 行的行间距是多少?

【小技巧】

长度单位为 em 时,相关的文字大小等可以在浏览器中变大或变小,满足更多的用户体验,如图 13-3 所示。

2. 常用字体、文本属性

【实例 13-3】

【实例描述】

实例 13-3 的显示效果如图 13-4 所示。图中的第一部分应用了.s2 样式,这一部分的内容字体大小为 24 px,字母间

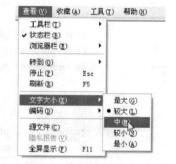

图 13-3　长度单位为 em 时
　　　　 改变文字大小

的距离为 4 px,行高为 160%,文字带上划线;图中的第二部分应用了.s3 样式,字体大小为 18 pt,字体加粗,文字对齐方式为居中,文字带删除线。

观察图 13-4,理解上述属性及属性值的含义。

【实例分析】

- 实例要求用代码完成,可在 Dreamweaver、EditPlus、记事本等工具中输入代码,推荐使用 Dreamweaver 的代码视图。
- 相关代码如下。

```
<html>
<head>
<title>CSS 常用字体属性</title>
```

172

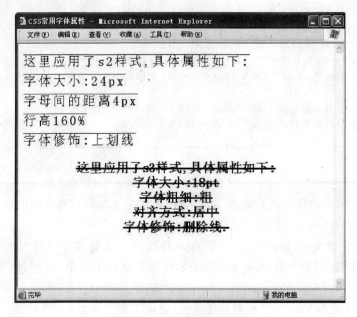

图 13-4　CSS 常用字体属性

```
<style type = "text/css">
  <! --

  .s2 {
      line - height: 160 % ;
      text - decoration: overline;
      letter - spacing: 4px;
      font - size: 24px;
  }
  .s3 {
      font - size: 18pt;
      font - weight: bold;
      text - decoration: line - through;
      text - align: center;
  }
  -- >
</style>
</head>
<body>
  <p class = "s2">这里应用了 s2 样式,具体属性如下:<br/>
    字体大小:24px<br/>
    字母间的距离 4px<br/>
    行高 160 % <br/>
    字体修饰:上划线
  </p>

  <p class = "s3">这里应用了 s3 样式,具体属性如下:<br/>
    字体大小:18pt<br/>
    字体粗细:粗<br/>
```

```
        对齐方式:居中<br/>
        字体修饰:删除线
      </p>
    </body>
  </html>
```

【实例说明】

实例 13-3 中定义了常用的 CSS 属性及属性值,常用的 CSS 属性及属性值如表 13-1
所示。

表 13-1　常用字体属性

属 性 名 称	属 性 值	示 例
字体名称属性(font-family)	Arial,Tahoma,Courier,宋体等	.s1 {font-family:Arial}
字体大小属性(font-size)	常用单位有 pt 和 px(pixel)	.s2 {font-size:16pt}
字体风格属性(font-style)	normal,italic(斜体)	.s1 {font-style:italic}
字体浓淡属性(font-weight)	normal 和 bold	.s1 {font-weight:bold}
字体颜色(color)	pink、yellow、#FF23E7、#cc3	.s1 {color:green}
文本对齐属性(text-align)	left(左对齐)、right(右对齐)、center(居中)	.p2 {text-align:right}
文本修饰属性(text-decoration)	underline(下划线)、overline(上划线)、line-through(删除线)、无	.p2 {text-decoration:underline}
行高属性(line-height)	绝对长度或相对长度	.p1 {line-height:120%}
字间距属性(letter-spacing)	绝对长度或相对长度	.p1 {letter-spacing:3mm}

实例 13-3 中,定义了 2 个 CSS 样式 s2 和 s3,它们都定义了多个属性,理解这些属性的
意义是非常重要的。

在应用 s2 和 s3 时,在 p 标签上应用了这两个 CSS 样式(类选择符),选择合适的标签
应用 CSS 样式也是非常重要的,如果标签选择得不正确,CSS 的一些属性可能就不会起
作用。

【常见错误】

• CSS 样式名称不正确,类选择符必须以"."开头,"."后面的名称不能以数字开头,名
  称不能包含汉字和特殊字符。
• 没有正确的文件结构。HTML 文件中,在 head 中定义 CSS 样式,在 style 中编写
  CSS 样式,在 body 中应用 CSS 样式。上述所有标签都是成双成对的,有开始标签
  和结束标签。

13.5　习　　题

1. 下列 CSS 样式名称(类选择符)哪些是正确的,哪些是错误的?

(1) .style1

(2) .main_box

(3) .521

(4) S1

2. 下面的代码中定义并应用了 CSS 样式 text，填写代码中空白的部分。

```
<html>
<head>
<title>CSS</title>
<_____(1)_____ type = "text/css">
<!--
.text {
          font - size: 12px;
          _____(5)_____ : bold;
}
-->
</_____(1)_____>
</head>
<body>
<span_____(2)_____ = "_____(3)_____">Class Selector<_____(4)_____>
</body>
</html>
```

3. 定义并应用下列 CSS 样式，样式名称请自己给定。

(1) 字体大小 2 em，字体颜色♯FC2，行高 2.5 em，加粗。

(2) 文字带删除线，行高 150％，字体大小 36 px，文字对齐方式为右对齐。

第 14 章 CSS 综述

学习目标

通过本章的学习,能够掌握完整的 CSS 语法,掌握 ID、CLASS 和标签三种 CSS 选择符类型,掌握内嵌式 CSS、内部 CSS 和外部 CSS,理解 CSS 伪类和 CSS 样式的层叠。

核心要点

➢ CSS 选择符
➢ CSS 的位置
➢ CSS 伪类
➢ 层叠和继承

前一章作为 CSS 学习的入门,只是介绍了 CSS 的 CLASS 选择符和内部 CSS,本章会完整、全面地介绍 CSS 的三种重要选择符和 CSS 伪类;并且根据 CSS 的定义位置,介绍内嵌式 CSS、内部 CSS 和外部 CSS;最后介绍 CSS 的层叠。所有的这些知识点都是 CSS 的技术基础,一定要结合实例,在实践中加深理解。

14.1 CSS 选择符

14.1.1 CLASS 选择符

上一章中的 CSS 就是 CLASS 选择符,CLASS 选择符允许重复使用,其命名必须以“.”开头,如.s1、.p1。先看下面的例子。

```
.s1 {
    font - size: 36px;
    background - color: #CCFF99;
}
```

这就定义了一个名称为 s1 的 CSS 样式。对于 CLASS 选择符,可以在整个网站内的多个网页里重复使用,从而节省代码,重用代码,并且使整个网站的显示风格保持一致。

CLASS 选择符在 HTML 中调用的语法如下:

```
<p class = "s1">内容</p>
```

其中 p 可以换为其他标签,值得注意的是,在调用 CSS 的时候,只有选择符名称 s1,没有“.”。如果要为样式加多个属性,在两个属性之间要用分号加以分隔。

上面的类选择符没有限定与其组合使用的标签,下面通过实例 14-1 说明专用 CSS 样式,这种 CSS 样式只能与指定标签一起应用。

【实例 14-1】

【实例描述】

实例 14-1 的显示效果如图 14-1 所示。实例 14-1 首先定义了一个包含选择符(CSS 样式),定义字体为红色,行高为 150%,字体大小为 2 em;然后分别用 p 标签和 span 标签应用这个 CSS 样式,将得到两种不同的显示结果。

【实例分析】

- 实例要求用代码完成,可在 Dreamweaver、EditPlus、记事本等工具中输入代码,推荐使用 Dreamweaver 的代码视图。

- 相关代码如下。

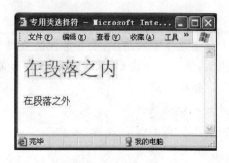

图 14-1　专用类选择符

```html
<html>
<head>
<title>专用类选择符</title>
    <style type = "text/css">
        <!--
        p.s1 {
           font - size: 2em;
           line - height: 150%;
           color: #FF0000;
        }
        -->
    </style>
</head>
<body>
    <p class = "s1">在段落之内</p>
    <span class = "s1">在段落之外</span>
</body>
</html>
```

【实例说明】

实例 14-1 定义了一个 CSS 样式 p.s1,其中 CSS 选择符名称为.s1,p 表示它的作用范围,表示该选择符只有应用在 p 标签上或在 p 标签内部被应用时,才能起作用;否则,即使该样式被应用了,也不会起作用。

实例 14-1 中,"在段落之内"5 个字按照 CSS 样式定义的样式显示,而"在段落之外"5 个字虽然也应用了 s1 样式,但其不在 p 标签之内,所以 s1 样式不会起作用。

14.1.2　标签选择符

标签选择符,是指以 HTML 标签作为名称的选择符,如 body、h1、h2、td、ul、li 等。通过 CSS,可以重新定义这些 HTML 标签的显示样式。

标签选择符的定义的语法与类选择符完全相同,只是它的名称是已有的 HTML 标签。

标签选择符的应用不需要像类选择符那样手工调用,定义了标签选择符后,只要网页中有相应的标签,这些标签就会自动按照 CSS 中重新定义的样式显示。

【实例 14-2】

【实例描述】

实例 14-2 的显示效果如图 14-2 所示。在该实例中,定义了标签选择符 h1,定义其字体大小为 36 px,字体颜色为♯FF0000,文字带删除线。在 HTML 的 body 中,第一行为 h1,第 2 行为 h2。h1 没有按照默认的样式显示,而是按照上面重新定义的样式显示;h2 按照默认的样式显示。

【实例分析】

- 实例要求用代码完成,可在 Dreamweaver、EditPlus、记事本等工具中输入代码,推荐使用 Dreamweaver 的代码视图。

- 相关代码如下。

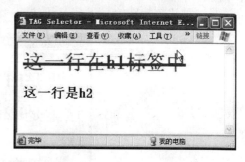

图 14-2　用 CSS 重新定义 h1 标签的显示样式

```
<html>
<head>
<title>TAG Selector</title>
<style type = "text/css">
    <!--
    h1 {
    font - size: 36px;
    color: #FF0000;
    text - decoration: line - through;
}
    -->
    </style>
</head>
<body>
    <h1>这一行在 h1 标签中</h1>
    <h2>这一行是 h2</h2>
</body>
</html>
```

【实例说明】

对比代码和图 14-2 可以看出,h1 的显示样式已经和以前没有用 CSS 的时候的显示样式不一样了,变成了 CSS 中定义的显示样式。可以看出标签选择符可以重新定义已有的 HTML 标签,改变它们的默认显示样式,丰富网页显示效果。

标签选择符的名字必须是已有的 HTML 标签,由于它是重新定义 HTML 标签的显示样式,所以它不需要被调用,网页中的相应标签就会自动按照重新定义后的 HTML 标签进行显示。

例如在网页中重新定义了 h1 标签,如果网页中有 h1,h1 就会按照 CSS 中重新定义的样式显示;如果重新定义了 td 标签,那么 td 在保持其表格单元格的基本功能的基础上,会按照 CSS 中新定义的样式显示,并且所有作用范围内的 td 都会自动按照新定义的样式显示,而不用像 CLASS 选择符那样需要被调用。

标签选择符的其他语法和 CLASS 选择符相同,其在现实中得到了广泛的应用。

实例 14-3 给出了几个特殊的定义语法,这些语法在现实中也有着广泛的应用。

【实例 14-3】

【实例描述】

实例 14-3 的显示效果如图 14-3 所示。在该实例中,应用了群组选择符和包含选择符,这是一种比较特殊的 CSS 定义语法。

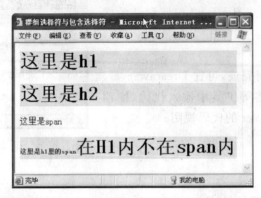

图 14-3 群组选择符与包含选择符

在实例 14-3 中,首先应用标签选择符重新定义了 HTML 标签 h1、h2、h3、p,这些标签重新定义后的显示样式都是字体大小 36 px,字体颜色♯FF0000;实例中还定义了包含在 h1 内的 span 标签;最后在 HTML 中应用了这些标签。

【实例分析】

- 实例要求用代码完成,可在 Dreamweaver、EditPlus、记事本等工具中输入代码,推荐使用 Dreamweaver 的代码视图。
- 相关代码如下。

```html
<html>
<head>
<title>群组选择符与包含选择符</title>
    <style type = "text/css">
        <!--
        h1,h2,h3,p {
            font - size: 36px;
            background - color: ♯CCFF99;
        }

        h1 span {
            font - size: 12px;
            color: ♯FF0000;
        }
        -->
    </style>
</head>
<body>
    <h1>这里是 H1</h1>
```

```
<h2>这里是 H2 </h2>
<span>这里是 span</span>
<h1><span>这里是 h1 里的 span</span>在 H1 内不在 span 内</h1>
</body>
</html>
```

【实例说明】

实例 14-3 中,有两种常用的特殊语法。

第一种语法是群组选择符,它可以将多个 CSS 样式定义为相同的内容,多个 CSS 样式间用","分隔开,这样可以简化 CSS 的编写,在定义标签选择符时常用这种语法,示例如下。

```
h1,h2,h3,p {
font - size: 36px;
background - color: #CCFF99;
}
```

这里定义了 4 个 CSS 样式(标签选择符),分别是 h1、h2、h3 和 p,网页中如果有这些标签,都会按照上述的新的显示样式进行显示。

第二种语法是包含选择符,这是一种非常重要的语法,示例如下。

```
h1 span {
font - size: 12px;
color: #FF0000;
}
```

这里定义了 1 个 CSS 样式 span,前面的 h1 是 span 的作用范围,也就是说,只有在 h1 标签内部的 span 才按照上述的新的样式显示(字体大小 12 px、字体颜色 #FF0000),网页中不在 h1 内部的 span,将不会按照上面的 CSS 样式进行显示。

在图 14-3 中也可以看出,h1 和 h2 具有相同的显示样式,不在 h1 中的 span 和在 h1 中的 span 具有不同的显示样式。

包含选择符是 CSS 的重要语法,在各种 CSS 选择符和网页设计的过程中都有着广泛的应用。

14.1.3　ID 选择符

ID 的含义是标识,ID 选择符可以标识网页中的元素,它可以实现的功能和 CLASS 选择符相似。与 CLASS 选择符不同的是,ID 选择符在一个网页中按照规范只能使用一次,并且可以被 JavaScript 在需要的时候调用。ID 选择符多应用在 DIV+CSS 的设计方法中,经常和 Div 标签配合使用。前面章节所学的层,也是 Div 标签的具体应用。

【实例 14-4】

【实例描述】

实例 14-4 的显示效果如图 14-4 所示。在该实例中,首先定义了一个 ID 选择符 #box,其属性是背景颜色为 #CCFF66,边框宽度为 1 px,边框为实线,边框颜色为 #000066;然后在 HTML 中通过 Div 标签应用该样式。在网页中,应用 Div 标签和 CSS 完成的如图 14-4 所示的长方形区域,通常叫做盒子(BOX),盒子在后面的章节中将会有详细介绍。ID 选择符最重要的功能就是编写盒子。

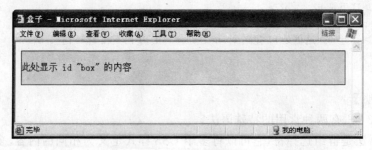

<div align="center">图 14-4　ID 选择符</div>

【实例分析】

- 实例要求用代码完成，可在 Dreamweaver、EditPlus、记事本等工具中输入代码，推荐使用 Dreamweaver 的代码视图。
- 相关代码如下。

```
<html>
<head>
<title>盒子</title>
    <style type = "text/css">
    <!--
    #box {
    background - color: #CCFF66;
    border: 1px solid #000066;
    }
    -->
    </style>
</head>

<body>
    <div id = "box">
        此处显示 id "box" 的内容
    </div>
</body>
</html>
```

【实例说明】

实例 14-4 定义了一个 ID 选择符 #box，定义了盒子的背景颜色和边框的宽度、样式（实线、点画线）和颜色，并且在 HTML 页面中应用了 #box。

ID 选择符定义的语法和其他选择符相同，它主要用于编写盒子（BOX）。

ID 选择符的名称必须以 # 开头，如 # head、# nav。

ID 选择符在调用的时候，调用语法可仿照 <div id="box">，id 后面跟 ID 选择符的名称，注意不带 #。

【实例 14-5】

【实例描述】

实例 14-5 的显示效果如图 14-5 所示。该实例定义了 ID 选择符 # top，top 定义了盒子的宽为 550 px，高为 239 px，边框宽度为 4 px，边框为实线，边框颜色为 # 999999，盒子内部文字默认颜色为＃FFFFFF,盒子背景图片为 campus.jpg。

图 14-5 带边框和背景图片的盒子

【实例分析】

- 实例要求用代码完成,可在 Dreamweaver、EditPlus、记事本等工具中输入代码,推荐使用 Dreamweaver 的代码视图。

- 相关代码如下。

```
<html>
<head>
<title>盒子的背景图片</title>
    <style type = "text/css">
    <!--
    ＃top {
    background - image: url(campus.jpg);
    border: 4px solid ＃999999;
    height: 239px;
    width: 500px;
    color: ＃FFFFFF;
    }
    -- >
    </style>
</head>
<body>
    <div id = "top">此处显示 id "top" 的内容,这幅图片是背景图片</div>
</body>
</html>
```

【实例说明】

宽(width)、高(height)、背景图片(background-image)、边框(border)都是盒子的常用属性。一定要注意长度和宽度的单位,盒子的长和宽也可以采用百分比和 em,如 50％、16 em。

注意 ID 选择符的调用方法,原则上 ID 选择符在一个 HTML 文件中只能调用一次。

【常见错误】

背景图片不能正确显示,可能的原因如下。

- 没有注意图像文件和 HTML 文件的位置,实例 14-5 中这两个文件在同一目录下。
- 图像文件名中包含汉字或特殊字符。
- 图像文件扩展名不正确,请确定扩展名是 jpg、jpeg 还是 gif。

14.1.4 CSS 选择符小结

表 14-1 给出了 CSS 选择符的常用语法。

表 14-1 三种选择符小结

选择符名称	定义示例	调用示例	说　明
标签	h1,body,span	<h1>直接使用原有标签	重新定义已有标签
ID	#footer,#head	<h1 id=head>	选择性调用,原则上一个文件中只能用一次
CLASS（类）	.style1 h1.s1	<p class=style1>	选择性调用,可多次使用

下面通过实例 14-6 对这一部分知识做一个总结,注意其中包含选择符和群组选择符的定义与应用。

【实例 14-6】

【实例描述】

实例 14-6 的显示效果如图 14-6 所示。该实例共定义了 6 个 CSS 样式,其中包括 ID 选择符#top,CLASS 选择符 s1、h1.s2,标签选择符#top h2、h2、h3。在 HTML 中,各个选择符均在 HTML 中被应用。

图 14-6 CSS 选择符综合例子

【实例分析】

- 实例要求用代码完成,可在 Dreamweaver、EditPlus、记事本等工具中输入代码,推荐使用 Dreamweaver 的代码视图。

- 相关代码如下。

```html
<html>
<head>
<title>CSS 选择符综合例子</title>
    <style type = "text/css">
    <!--
    #top {
        height: 150px;
        width: 400px;
        border: 1px solid #000066;
        background-color: #FFFFCC;
    }
    .s1, #top h2{
        font-size: 16px;
        line-height: 120%;
        color: #FF0000;
        }
    h3,h2,h1 .s2 {
        font-size: 30px;
        line-height: 110%;
        color: #0000FF;
    }
    -->
    </style>
</head>
<body>
    <div id = "top">
    <p>此处显示 id "top" 的内容</p>
      <h2>top 中的 h2</h2>
      <h3>这一行是 h3</h3>
      <p class = "s1">应用了.s1</p>
      </div>
    <h2>top 外的 h2</h2>
    <h1>这一行是 h1,<span class = "s2">h1 中的.s2</span></h1>
</body>
</html>
```

【实例说明】

在 CSS 的定义中,#top h2 和 h1 .s2 都是包含选择符,#top h2 的定义只在 top 内部包含 h2 标签时起作用,h1 .s2 的定义只在 h1 内部应用 s2 时才起作用。这两个样式一定要结合实践进一步体会。

标签选择符不需要调用,只要 HTML 代码中包含对应标签,该标签内的内容就会按照 CSS 新定义的样式显示。这种重新定义标签会覆盖原来标签的默认定义,例如上例中 h3 标签默认文字颜色是黑色,在上例中被重新定义为 #0000FF;但 CSS 中没有覆盖的 h3 标签的特性仍然存在,例如换行、上下段落间距等。

【问题】

对照图 14-6 和代码,回答下列问题。

- "这一行是 h3"字体大小是多少？
- "top 外的 h2"字体大小是多少？
- "top 中的 h2"字体大小是多少，文字是什么颜色？
- "h1 中的. s2"字体大小是多少，文字是什么颜色？
- "应用了. s1"字体大小是多少，文字是什么颜色？

14.2　CSS 的位置

1. 内嵌样式（Inline Style）

内嵌样式是通过 HTML 标签的 style 属性进行 CSS 的定义。内嵌样式只对所在的标签有效；每个标签都有一个 style 属性，在 style 属性的属性值里定义 CSS 样式。内嵌样式在现实中应用较少。参考下面的例子，其显示效果如图 14-7 所示。

```
<html>
<head>
<title>内嵌样式</title>
</head>
<body>
    <span style = "font - size:20pt; color:red">这个 Style 定义，
    里面的文字是 20pt 字体，字体颜色是红色。</span>
</body>
</html>
```

图 14-7　内嵌样式

在上面的例子中<span style＝"font-size:20pt; color:red">这一行就定义了一个内嵌样式，样式的作用范围为 span 标签内部。

2. 内部样式表

内部样式表（Internal Style Sheet）是写在 HTML 的<head>和</head>中间的。内部样式表只对所在的网页有效。前面的章节中用到的 CSS 都是内部样式表，其中定义的样式不能被其他网页引用。在 Dreamweaver 中设置基本属性（如字体大小、颜色）时，Dreamweaver 就会自动生成内部 CSS 来完成相关的功能，而不是单纯使用 HTML 标签。

下面的代码是由 Dreamweaver 自动生成的，它应用的是内部 CSS，其在浏览器中的显示效果如图 14-8 所示。

```
<!DOCTYPE html PUBLIC " - //W3C//DTD XHTML 1.0 Transitional//EN" "http://www.w3.org/TR/
xhtml1/DTD/xhtml1 - transitional.dtd">
```

```
<html xmlns = "http://www.w3.org/1999/xhtml">
<head>
<meta http - equiv = "Content - Type"content = "text/html; charset = gb2312" />
<title>自动生成的内部 CSS</title>
    <style type = "text/css">
    <!--
        .STYLE1 {
        font - family: "宋体";
        font - size: 36px;
        color: #0000FF;
        }
        -- >
    </style>
</head>
<body>
    <span class = "STYLE1">Dreamweaver 自动生成的内部样式表</span>
</body>
</html>
```

图 14-8　内部样式表

3. 外部样式表

外部样式表(External Style Sheet)是指 CSS 定义在 HTML 文件的外部,以一个文件的形式存在,文件的扩展名为 css。内部 CSS 是指 CSS 定义在 HTML 文件的内部。外部 CSS 的定义和应用方法与内部 CSS 相同,其不同之处是内部 CSS 只能被包含该 CSS 定义的一个网页引用,而外部 CSS 可以被多个网页引用。

CSS 被多个网页引用,可以使多个网页保持一致的显示效果,完成美观、统一的网站页面设计。

外部 CSS 与内部 CSS 的定义及应用的语法相同,需要额外做的工作是把外部的 CSS 文件和 HTML 文件关联在一起,这个操作叫做链接(link)或导入(import)。

【实例 14-7】

【实例描述】

实例 14-7 的显示效果如图 14-9 所示。在该实例中,CSS 样式定义在一个单独的 CSS 文件 font. css 中,CSS 样式的引用和内部 CSS 相同,增加在 HTML 内链接(link)CSS 文件的过程。

【实例分析】

• 实例要求用代码完成,可在 Dreamweaver、EditPlus、记事本等工具中输入代码,推荐

CSS 综述

186

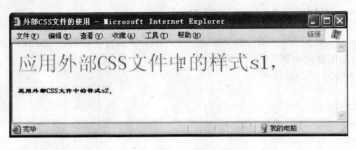

图 14-9　外部 CSS 文件的使用

使用 Dreamweaver 的代码视图。

- 相关代码如下。

font.css 文件的内容：
```
.s1 {
font - size：36px；
line - height：42px；
color：#FF00FF；
}
.s2 {
font - family："隶书"；
font - size：12px；
font - weight：bold；
color：#000066；
}
```

HTML 代码如下。
```
<html>
<head>
<title>外部 CSS 文件的使用</title>
<link href = "font.css" rel = "stylesheet" type = "text/css" />
</head>
<body>
    <p class = "s1">应用外部 CSS 文件中的样式 s1，</p>
    <p class = "s2">应用外部 CSS 文件中的样式 s2，</p>
</body>
</html>
```

【实例说明】

在这里需要特别注意，HTML 文件和 CSS 文件都是操作系统级别的文件，在 HTML 文件中如果想要引用 CSS 样式，必须和 CSS 文件建立联系。

在上面的 HTML 代码中，<link href＝"font. css" rel＝"stylesheet" type＝"text/css"/>把 CSS 文件链接到了 HTML 文件中，在 HTML 中就可以应用在 font. css 中定义的样式 s1 和 s2 了。

外部 CSS 在现实中得到了广泛的应用，它不但应用于网页样式的显示上，更应用于保证网站风格的一致性上。如果把现实中看到的网页保存下来，大都会看到该网页引用的外部 CSS 文件。

14.3 CSS 伪类

CSS 伪类是一种特殊的 CSS 定义方法，主要用于对超链接的重新定义，它的定义语法比较特别，通过实例 14-8 对 CSS 伪类进行进一步说明。

【实例 14-8】

【实例描述】

实例 14-8 的显示效果如图 14-10 所示。该实例中使用了内部 CSS，定义了超链接的相关显示样式，包括超链接的显示样式、单击时超链接的显示样式、访问后的超链接显示样式、鼠标在超链接上时超链接的显示样式。

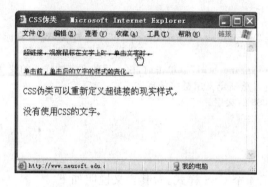

图 14-10　CSS 伪类

【实例分析】

- 实例要求用代码完成，可在 Dreamweaver、EditPlus、记事本等工具中输入代码，推荐使用 Dreamweaver 的代码视图。

- 相关代码如下。

```
<html>
<head>
<title>CSS 伪类</title>
    <style type = "text/css">
    <!--
    a:link {
        font - size: 12px;
        line - height: 15px;
        color: #000000;
    }
    a:visited {
        font - size: 12px;
        line - height: 15px;
        color: #003333;
    }
    a:hover {
        font - size: 12px;
        line - height: 15px;
```

```
        color: #0000FF;
        text-decoration: line-through;
    }
    a:active {
        font-size: 12px;
        line-height: 15px;
        color: #0000FF;
        text-decoration: underline;
    }

    -->
    </style>
</head>

<body>
    <p><a href = "http://www.neusoft.edu.cn">超链接,观察鼠标在文字上时,单击文字时,
</a></p>
    <p><a href = "inline.html">单击前,单击后的文字的样式的变化。</a></p>
    <p>CSS伪类可以重新定义超链接的现实样式。</p>
    <p>没有使用CSS的文字。</p>
</body>
</html>
```

【实例说明】

实例14-8中定义了4个CSS样式,对其含义说明如下。

- a:link:网页中超链接的显示样式,本例中超链接的显示样式为字体大小12 px、黑色、行高15 px。
- a:visited:访问过的超链接的显示样式。
- a:active:正在单击时的超链接的显示样式。
- a:hover:鼠标在超链接上方时超链接的显示样式。

在没有进行上述CSS设置时,超链接的默认显示样式如下。

- a:link:字体颜色蓝色,超链接带下划线。
- a:visited:超链接字体颜色变为另一种颜色。
- a:active:无特殊效果。
- a:hover:鼠标指针变成手状。

通过CSS伪类的应用,可以重新定义上述超链接的各种显示样式,如让超链接的默认颜色为黑色、不带超链接以及其他可能设置的CSS属性。

由于CSS优先级的关系,在写伪类时,一定要按照a:link、a:visited、a:hover、a:active的顺序书写。

CSS伪类在网页设计的过程中有着广泛的应用,它和包含选择符结合在一起使用是页面设计的一个重要技巧。

14.4 层　　叠

一个网页中可能应用到多个外部CSS文件,并同时应用了内部CSS和内嵌式CSS。但如果这些CSS的定义中有同样名字的样式,到底是哪个样式起作用呢? 在同一个网页中定

义了多个相同名称的 CSS 样式的情况叫做层叠(Cascading)，下面通过实例 14-9 对这种情况进行进一步说明。

【实例 14-9】

【实例描述】

实例 14-9 显示效果如图 14-11 所示。

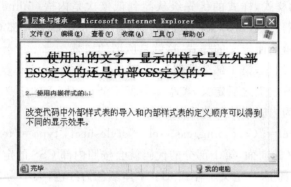

图 14-11　CSS 的层叠与继承

该实例的外部 CSS、内部 CSS 都定义了 h1 样式，并且还通过内嵌 CSS 定义了 h1 的显示样式，到底 h1 会按照哪个定义来显示呢？

【实例分析】

- 实例要求用代码完成，可在 Dreamweaver、EditPlus、记事本等工具中输入代码，推荐使用 Dreamweaver 的代码视图。
- 相关代码如下。

Cascading.css 中的内容

```css
h1 {
font－size：24px；
color:blue；
}
```

HTML 代码

```html
<html>
<head>
<title>层叠与继承</title>
    <style type = "text/css">
    <!--
    h1 {
    font－size：36px；
    color：red；
    text－decoration：line－through；
    }
    -->
    </style>
<link href = "Cascading.css" rel = "stylesheet" type = "text/css" />
</head>
<body>
<h1>1.使用 h1 的文字，显示的样式是在外部 CSS 定义的还是内部 CSS 定义的？</h1>
```

```
<h1 style="font-size:12px;color:#FF00FF">2.使用内嵌样式的 h1</h1>
<p>改变代码中外部样式表的导入和内部样式表的定义顺序可以得到不同的显示效果。</p>
</body>
</html>
```

【实例说明】

对于名称相同的样式,样式的优先级从高到低依次是内嵌(inline)、内部(internal)、外部(external)和浏览器默认(browser default)。其中内部 CSS 和外部 CSS 没有优先级的先后,后定义的样式覆盖前面定义的样式,这就是所谓的层叠。

所以对于上面的例子,第 1 部分按照外部 CSS 的定义显示,字体颜色为#0000FF,因为外部 CSS 在内部 CSS 定义之后定义,覆盖了内部 CSS 中对 h1 的定义;第 2 部分按照内嵌样式的定义显示,因为内嵌样式的优先级最高。

如果把<link href="Cascading.css" rel="stylesheet" type="text/css" />这一行代码放在内部 CSS 定义的前面,第 1 部分的代码就会按照内部 CSS 的定义显示。

实例 14-9 中,内部 CSS 定义了样式 h1:字体颜色为红色,大小为 36 px,有删除线。

外部 CSS 中也定义了样式 h1:字体颜色蓝色,大小 24 px。

因为外部 CSS 在内部 CSS 后定义,所以页面中按照后定义的 h1,即在外部 CSS 中定义的 h1 显示,即蓝色,大小 24 px。同时又继承了内部 CSS 中定义的它没有的属性,文字带删除线。

【注意事项】

对于层叠,后定义的属性会覆盖前面定义的属性,但如果前面定义的样式中的属性没有被覆盖,那么网页中的实际显示样式就会既包括前面定义的没有被覆盖的属性,又包括后面定义的样式的属性。

例如在上例中为内部 CSS 中的 h1 样式定义了字体颜色为红色,大小为 36 px,有删除线,虽然内部 CSS 的字体大小和颜色都会被后面定义的外部 CSS 中的 h1 覆盖掉,但在网页中的实际显示效果中,字体的粗细是带删除线的,这是在内部 CSS 中定义的;而文字的大小和颜色会按照外部 CSS 定义的样式显示。

层叠是指相同名称的 CSS 样式,在后面定义的样式中的属性覆盖前面定义的样式中的相同的属性。如果后面定义的样式中没有前面定义的样式中的一些属性,那么后面定义的样式就会继承这些它没有的属性。

14.5 习　　题

1. 下列哪些 CSS 选择符名称是正确的,并指出它们属于哪一类 CSS 选择符。

(1) #left

(2) #7ab

(3) .voteimg

(4) Img

(5) td

(6) .样式

（7）.my style

（8）ok

（9）H1 A:hover

（10）#header A:visited

（11）#header SPAN

（12）.list SPAN A:hover

（13）#footer SPAN A:hover

2. 阅读并理解下面的代码,填写完整空白的地方,并说明三种类型的选择符都是如何调用的。

```
<html>
<head>
<title>CSS 填空</title>
    <style type = "text/css">
    <!--
    #main {
        background-color: #FFCCFF;
        height: 60px;
        width: 200px;
    }
    body {
        font-size: 12px;
        width: 680px;
    }
    .tips {
        font-size: 18px;
        color: #00FFFF;
        text-align: center;
    }
    -->
    </style>
</head>
<body>
    <div____(1)____= "main">
     <p class = ____(2)____>类选择符</p>
    <____(3)____>
</body>
</html>
```

3. 定义并应用下列 CSS 样式,样式名称和 CSS 选择符类型请自己给定。

（1）建立一个盒子,宽 300 px,高 200 px,有背景图片,背景图片任选。

（2）定义网页中所有的超链接没有下划线,颜色为黑色,背景颜色为 gray;访问过的超链接没有下划线,颜色为 #999900,背景颜色为 gray;鼠标在超链接上方的时候,超链接的颜色为 #00F,加粗,背景颜色为 #999。

（3）建立样式 #footer span a:hover,字体颜色为红色,背景颜色为绿色,无下划线,行高 150%;并使其在网页中起作用,其他可能用到的样式一切属性任选。

第15章　在 Dreamweaver 中使用 CSS

学习目标

通过本章的学习，掌握在 Dreamweaver 中编写和应用 CSS 样式的方法，掌握常用的 CSS 属性。

核心要点

➤ 编辑样式表

➤ 附加样式表

➤ 综合实例

从本章起，后面的 CSS 相关操作都转入 Dreamweaver 中进行，这样是为了降低代码的难度，减少出错的概率，把精力集中到 DIV＋CSS 技术本身上来。但是，对于 CSS 来说，对代码的研究是非常重要的，虽然前面的章节已经包含了主要 CSS 代码的内容，但在完成本书后面的 CSS 内容的学习之后，仍需要进一步从代码角度研究 CSS。

在本书和现实的范围之内，绝大多数代码都能够用 Dreamweaver 自动生成，在必要的时候需要手工修改代码。

15.1　编写 CSS 样式

在 Dreamweaver 中编写 CSS 样式，需要先决定编写的是内嵌 CSS、内部 CSS 还是外部 CSS。内嵌 CSS 在现实中较少使用，内部 CSS 和外部 CSS 的编写方法基本一致，在本章以编写外部 CSS 为例说明 CSS 的编写过程。

(1) 新建一个 CSS 文件，选择【文件】→【新建】→【常规】→【基本页】→【CSS】命令，如图 15-1 所示。

(2) 打开 CSS 窗口，选择【窗口】→【CSS 样式】命令，如图 15-2 所示。

单击图 15-2 中的【新建 CSS 规则】按钮 就可以新建 CSS 规则，在相应规则上按右键就可以看到如图 15-3 所示的 CSS 编辑菜单，对 CSS 规则进行各种操作。

单击【新建 CSS 规则】后，就可以看见新建 CSS 规则窗口，在这里输入要建立的 CSS 样式的名称，确定之后，就可以进行 CSS 规则的具体设计，如图 15-4 所示。

在图 15-4 中可以看到，Dreamweaver 中可以建立 3 类 CSS 的选择符，选择器(选择符)在第 14 章已经进行了比较深入的阐述。需要再次强调的是，关于选择器的名称，类(可应用于任何标签)必须以"."开始；高级(ID)必须以"#"开始；标签(重新定义特定标签的外观)

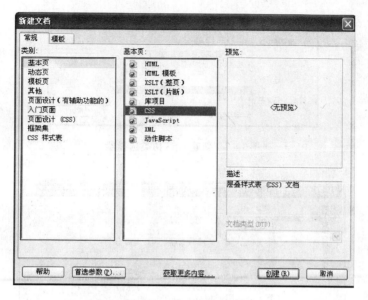

图 15-1　建立 CSS 文件

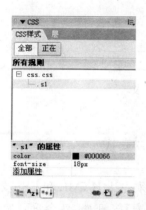

图 15-2　CSS 样式窗口

图 15-3　CSS 编辑菜单

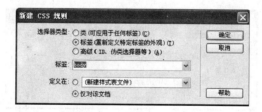

图 15-4　新建 CSS 规则

必须是已有 HTML 标签。

　　如果要设计 CSS 伪类，可以参考图 15-5。

　　给出正确的样式名称之后，就可以在图 15-6 的窗口中进行具体的 CSS 设计了。前面的章节已经设计了很多 CSS，现在可以在 Dreamweaver 中重新做一遍前面做过的 CSS，熟悉 Dreamweaver 的操作方法。

在 Dreamweaver 中使用 CSS

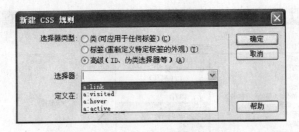

图 15-5　新建 CSS 伪类选择器

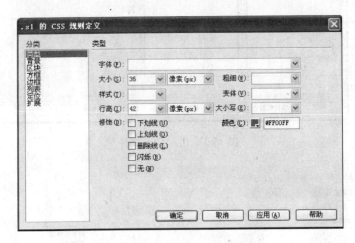

图 15-6　CSS 规则的定义

15.2　应用 CSS 样式

在 HTML 中应用 CSS 样式，如果是外部 CSS，必须先让 HTML 和 CSS 文件联系在一起，需要在 HTML 文件的 CSS 窗口中单击【附加样式表】按钮 ，就会看到如图 15-7 所示的窗口。选择需要导入的 CSS 文件，HTML 文件就和外部 CSS 文件联系到一起了。

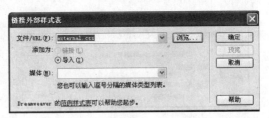

图 15-7　链接外部样式表

Link(链接)和 import(导入)两种选项可以忽略不计。一般情况下，较小的 CSS 文件用导入，较大的 CSS 文件用链接。

完成外部样式表的链接后，就可以在网页中应用外部 CSS 中定义的样式了，外部 CSS 和内部 CSS 应用的方法是完全一样的。

标签选择符是自动起作用的，不需要手工调用。CLASS 选择符需要手工调用，可以在网页中选定相关内容后,按右键在图 15-8 的菜单中操作;也可以在如图 15-9 所示的属性窗口应用。

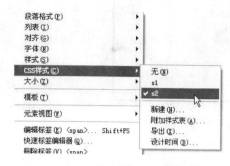

图 15-8　右键菜单应用 CLASS 选择符　　　　图 15-9　属性菜单应用 CLASS 选择符

对于 ID 选择符,它通常是和 Div 标签一起使用的,在一个网页中只能使用一次。

在 Dreamweaver 中应用 ID 选择符,如果不用代码,可以按以下顺序操作,选择【插入】→【布局对象】→【Div 标签】命令,能够看到如图 15-10 所示窗口,在 ID 下拉菜单里选择要使用的 ID 选择符即可。

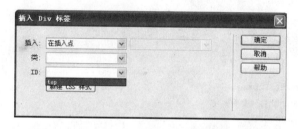

图 15-10　在 Dreamweaver 中应用 ID 选择符

15.3　综 合 实 例

本节通过具体的实例进一步强化 CSS 的应用技能,熟悉在 Dreamweaver 中定义和应用 CSS 的方法。

在开始本节之前,建议首先结合上一节的说明,在 Dreamweaver 中完成上一章习题的第 3 题,然后开始本节实例的学习与实践。

1. 特殊的表单

【实例 15-1】

【实例描述】

实例 15-1 的显示效果如图 15-11 所示。该实例中定义了 4 个 CSS 样式,input_text 样式作用于表单的文本输入框,使文本输入框输入的文字为白色、有背景图片;submit 样式作用于表单的提交按钮,定义提交按钮的背景颜色、文字显示样式等;所有的表单元素放在一个盒子 main 中,盒子定义了边框和填充(边框到内容的距离);另外,重新定义了 body 标签,固定了其文字的大小、颜色、行高。

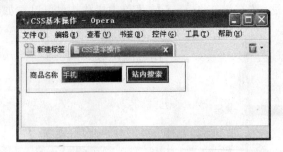

图 15-11　盒子中的表单

【实例分析】

- 实例可以在 Dreamweaver 中完成,建立内部 CSS 和外部 CSS 均可。
- 首先定义 CSS 样式,然后在网页中应用 CSS 样式,完成实例。
- 使用 ID 选择符的窗口如图 15-10 所示。
- 参考代码如下。

```
<html>
<head>
<title>CSS 基本操作</title>
    <style type = "text/css">
    <!--
    body {
        font - size: 12px;
        line - height: 150% ;
        color: #0000FF;
    }
    . submit {
        font - size: 12px;
        font - weight: bold;
        background - color: #9900FF;
        color: #FFFF00;
        height: 28px;
    }
    #main {
        height: 36px;
        width: 260px;
        border: 1px solid #9900CC;
        padding: 6px;
    }
    . input_text {
        font - size: 12px;
        color: #FFFFFF;
        background - image: url(5.gif);
        height: 22px;
        width: 100px;
    }
    -->
    </style>
```

```
  </head>
  <body>
    <div id="main">
    <form id="form1" name="form1" method="post" action="">
    <label>商品名称</label>
    <input name="textfield" type="text" class="input_text" />
    <input name="Submit" type="submit" class="submit" value="站内搜索" />
    </form>
    </div>
  </body>
</html>
```

【实例说明】

下面依次对出现的各样式做出说明。

- body：标签选择符，定义了整个网页中元素的默认显示方式，"商品名称"没有应用任何样式，就会按照 body 定义的样式显示。
- .input_text：类选择符，定义了背景图片和高度（height），很多 HTML 元素都可以有背景颜色和背景图片。在 Dreamweaver 中应用它时，可在选定文本输入框后参考图 15-12 进行 CSS 样式的应用。
- #main：ID 选择符，定义了盒子的宽度为 1 px，边框为实线，边框颜色为 #9900CC，另外定义了盒子的宽和高。填充（padding）是盒子常用的属性，它表示盒子的内容到边框的距离。在 Dreamweaver 中它的定义窗口如图 15-13 所示。

图 15-12　套用 CSS 样式

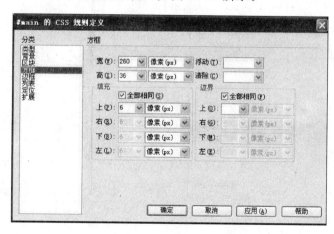

图 15-13　设置盒子属性

2. 列表

【实例 15-2】

【实例描述】

实例 15-2 的显示效果如图 15-14 所示。该实例中定义了 2 个 CSS 样式，list1 定义了特殊符号列表，list2 用图片代替了无序列表前面默认的圆点。列表的概念在第 2 章里已经讲过，如果要在网页中使上述两个样式起作用，必须在列表上应用上述的样式。

【实例分析】

- 实例可以在 Dreamweaver 中完成，建立内部 CSS 和外部 CSS 均可。

在 Dreamweaver 中使用 CSS

- 首先定义 CSS 样式,然后在网页中应用 CSS 样式,完成实例。
- 列表设计的窗口如图 15-15 所示,注意图片文件和 CSS 文件的位置。

图 15-14　用 CSS 定义列表

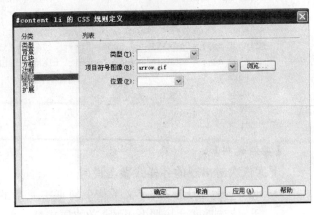

图 15-15　列表定义窗口

- 使用 ID 选择符的窗口如图 15-10 所示。
- 参考代码如下。

```html
<html>
<head>
<title>列表</title>
    <style type = "text/css">
    <!--
    # content {
        background - color: #7E9DE5;
        height: 100px;
        width: 200px;
        border: 4px groove #999999;
    }
    # content li {
        list - style - image: url(arrow.gif);
        line - height: 120%;
        font - size: 16px;
        color: #FFFFFF;
    }
    -->
    </style>
</head>
<body>
    <div id = "content">
    <ul>
      <li> Dreamweaver</li>
      <li> FIreworks</li>
      <li> Flash</li>
      <li> Photoshop </li>
    </ul>
    </div>
</body>
```

```
</html>
```

【实例说明】

♯content 定义了一个盒子,包括宽、高、背景颜色、边框等属性。

♯content li 是标签选择符,它重新定义了列表项(li)的显示样式,它只在♯content 的内部起作用。它定义了列表的显示样式,用图片代替了列表的圆点,并且定义了行高、字体大小和颜色。

在创建♯content li 时,在 Dreamweaver 中选择第三种 CSS 样式(高级、ID),但它实际上还是标签选择符,只要在盒子♯content 内部有 li 标签,就会按照该样式定义的属性进行显示,而在盒子外部,它不会起作用。

3. 伪类

【实例 15-3】

【实例描述】

实例 15-3 的显示效果如图 15-16 所示。该实例完成了一个实用的导航条。该导航条有背景图片,网页中的超链接在鼠标经过其上方时,它的背景图片和文字显示样式会发生变化,形成一种非常实用、美观的效果。本例是最典型的 CSS 设计,在后面的章节还会进一步讲解。

图 15-16　用 li 实现的导航条

【实例分析】

* 实例可以在 Dreamweaver 中完成,建立内部 CSS 和外部 CSS 均可。
* 首先定义 CSS 样式,然后在网页中应用 CSS 样式,完成实例。
* 实例中使用的图片如图 15-17 所示。超链接的背景图片和鼠标在超链接上方时的图片是一张图片。普通超链接时显示图片的上半部分,鼠标在超链接上方时显示图片的下半部分,通过控制背景图片的位置完成图片的变换效果,这也是网页设计的常用技巧。

图 15-17　超链接的背景图片

* 参考代码如下。

```
<html>
<head>
<title>block &amp; inline</title>
    <style type="text/css">
    <!--

    a {
```

```
                height: 29px;
                width: 102px;
                float: left;
                display: block;
                text-align: center;
                line-height: 29px;
                font-size: 14px;
                font-weight: bold;
                letter-spacing: 5px;
            }
            li {
                list-style-type: none;
                display: inline;
            }
            a:link {
                color: #FFFFFF;
                text-decoration: none;
                background-image: url(1.gif);
                background-position: left top;

            }
            a:hover {
                background-image: url(1.gif);
                background-position: left bottom;
                color: #FFFF00;
            }
            -->
        </style>
    </head>
    <body>
        <ul>
            <li><a href="#">新闻</a></li>
            <li><a href="#">体育</a></li>
            <li><a href="#">财经</a></li>
            <li><a href="#">娱乐</a></li>
            <li><a href="#">房产</a></li>
            <li><a href="#">博客</a></li>
        </ul>
    </body>
</html>
```

【实例说明】

用 CSS 的方法实现导航条,实例 15-3 中应用 ul 和 li 的方法是最常用的。

下面依次对各样式做出说明。

超链接背景图片的宽度为 102 px,高度为 58 px,高度的一半为 29 px,下面超链接的高度和宽度以及行高都与图片的宽度和高度有关。

- a:设置了超链接的宽为 102 px,高为 29 px,左浮动(设置窗口如图 15-18 所示),显示方式为块(block,设置窗口如图 15-19 所示),文字对齐方式(text-align)为居中,行高为 29 px,字体大小为 14 px,字体为加粗、字母间距为 5 px。

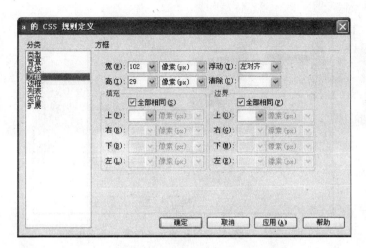

图 15-18　浮动的设置

图 15-19　显示的设置

- li：列表项，设置显示（display）为内嵌（inline），list-style-type 为 none；内嵌的设置窗口如图 15-19 所示。
- a:link：定义超链接的显示样式，定义了超链接没有下划线、字体大小和颜色，背景图片的水平位置和垂直位置（background-position）。背景图片水平位置和垂直位置的设置窗口如图 15-20 所示。
- background-position：指定背景图片相对于元素的初始位置。可以用 px、％等作为单位。本例中 a:hover 的 background-position 的取值为 left bottom，如果以％作为单位，可以写为 0％、100％；如果以 px 为单位，可以取值为 0 px、30 px，它们都可以取得相同的显示效果。这种长度的取值要综合考虑图片显示的长度、高度以及图片的实际宽度、高度和内容。

如果要取得更好的显示效果，可以将上面的导航条放到一个固定宽度的盒子里。

【注意事项】

在 Dreamweaver 中可以设置显示属性（display），如图 15-19 所示。display 能够改变

在 Dreamweaver 中使用 CSS

图 15-20 设置背景图片的水平位置和垂直位置

HTML 元素的默认显示方式。HTML 主要的显示方式有块（block）和内嵌（inline）。显示方式为块的 HTML 元素都要单独占一行，如 div、p、h1、li，显示方式为内嵌的 HTML 元素可以在一行中存在多个，如 span、a。

15.4 习　　题

1. 为实例 15-3 中的导航条编写一个盒子，将导航条放在盒子中，盒子的边框属性、宽、高、背景颜色（或背景图像）等属性根据显示效果自拟。

2. 在外部 CSS 中建立样式 ♯ head、♯ head h1、♯ head h2，并在网页中应用下面的样式。要求如下。

（1）♯ head：宽 200，高 120，边框宽度为 5、边框为点画线、蓝色，有背景图片。

（2）♯ head h1：文字大小 2 em，背景颜色为绿色，字体颜色为白色。

（3）♯ head h2：文字大小 2 em，背景颜色为绿色，字体颜色为白色，显示（display）为内嵌（inline）。

第 16 章　　盒　模　型

学习目标

通过本章的学习,掌握 CSS 的盒模型,掌握在 Dreamweaver 中编写和应用盒子的方法。

核心要点

➢ 边框(border)

➢ 填充(padding)

➢ 边界(margin)

➢ Div 标签

16.1　第一个盒子

【实例 16-1】

【实例描述】

实例 16-1 的显示效果如图 16-1 所示。前面的章节已经有很多和盒子相关的实例,本章讨论完整的 CSS 盒模型,本实例中的盒子包括完整的盒子三要素:padding(填充)、border(边框)、margin(边界),由于对盒子三要素的名称的翻译版本较多,本书主要采用英文名称。

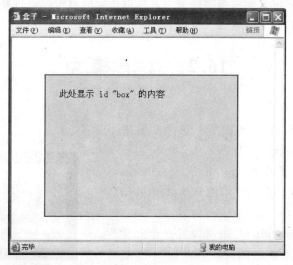

图 16-1　第一个盒子

【实例分析】

- 实例可以在 Dreamweaver 中完成,建立内部 CSS 和外部 CSS 均可。
- 首先定义 CSS 样式,然后在网页中应用 CSS 样式,完成实例。
- 参考代码如下。

```
<html>
<head>
<title>盒子</title>
    <style type = "text/css">
    <!--
    #box {
        margin: 50px;
        padding: 25px;
        height: 200px;
        width: 300px;
        border: 2px solid #FF0033;
        background-color: #99FFCC;
    }
    -->
    </style>
</head>
<body>
    <div id = "box">此处显示 id "box" 的内容</div>
</body>
</html>
```

【实例说明】

注意观察图 16-1 和代码,理解下列内容。

- padding(填充)是边框到内容的距离。
- border(边框)是指盒子的边框,可以对边框的宽度、边框样式、边框颜色进行设置。
- margin(边界)定义元素周围的空间。可以用负值对内容进行叠加。

指出图 16-1 中的盒子的上述三要素。

16.2 盒子模型

1. 基本概念

图 16-2 给出 CSS 的盒子模型。这里面给出了三个重要的概念:margin(边界)、border(边框)和 padding(填充)。盒子由外至内依次是:margin(边界)、border(边框)和 padding(填充)、content(内容,例如文本、图片等)。

CSS 边界属性(margin)是用来设置一个元素所占空间的边缘到相邻元素之间的距离。CSS 边框属性(border)用来设定一个元素的边框宽度、边框颜色和边框样式。CSS 填充属性(padding)用来设置元素内容到

图 16-2　CSS 盒子模型

元素边框的距离。

需要注意的是,CSS 背景属性指的是 content 和 padding 区域。CSS 属性中的 width 和 height 指的是 content 区域的宽和高,不包括 padding 和 margin 部分。

CSS 的 margin、border 和 padding 属性都分为上右下左四部分,每个部分可以单独存在。

结合实例 16-1 和图 16-3,进一步理解盒子要素的上右下左特性。

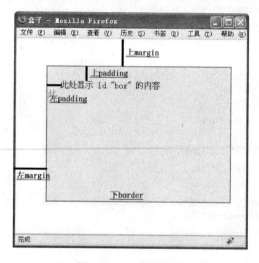

图 16-3　盒模型要素

2. 完整实例

【实例 16-2】

【实例描述】

实例 16-2 的显示效果如图 16-4 所示。注意观察 padding、margin、border 的上右下左,在该实例中,这些值各不相同。

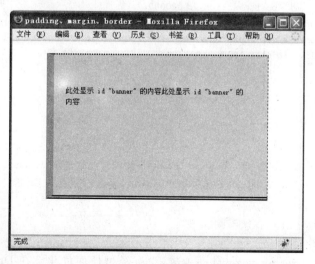

图 16-4　padding、margin、border

【实例分析】

- 实例可以在 Dreamweaver 中完成，建立内部 CSS 和外部 CSS 均可。
- 首先定义 CSS 样式，然后在网页中应用 CSS 样式，完成实例。
- 参考代码如下。

```
<html>
<head>
<title>padding、margin、border</title>
    <style type = "text/css">
    <!--
    #banner {
            background-color: #CCCCCC;
            height: 150px;
            width: 300px;
            margin-top: 20px;
            margin-right: 30px;
            margin-bottom: 40px;
            margin-left: 50px;
            padding-top: 50px;
            padding-right: 40px;
            padding-bottom: 30px;
            padding-left: 20px;
            border-top-width: 2px;
            border-right-width: thin;
            border-bottom-width: 0.5em;
            border-left-width: 12px;
            border-top-style: dotted;
            border-right-style: dashed;
            border-bottom-style: double;
            border-left-style: inset;
            border-top-color: #000099;
            border-right-color: #000000;
            border-bottom-color: #000000;
            border-left-color: #FFFFFF;
            font-size: 12px;
            line-height: 150%;
    }
    -->
    </style>
</head>

<body>
    <div id = "banner">此处显示 id "banner" 的内容此处显示 id &quot;banner&quot; 的内容
</div>
</body>
</html>
```

【实例说明】

上面的代码由 Dreamweaver 自动生成，没有经过任何优化。在 Dreamweaver 中完成 padding 和 margin 设置的窗口如图 16-5 所示，完成 border 设置的窗口如图 16-6 所示。

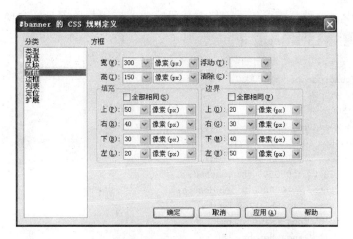

图 16-5　设置 padding 和 margin

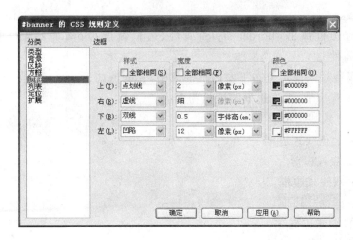

图 16-6　设置 border

下面对代码做出说明。

- 盒子的名称为 banner，在页面中用＜div id＝"banner"＞就可以调用这个样式。
- margin 用于定义页边距或者与其他层的距离。可以简写为 margin：20 px 30 px 40 px 50 px 分别代表上右下左四个边界，如果所有边界都为 20 px，可以缩写成 margin：20 px；。如果边距为零，要写成 margin：0 px。margin 是透明元素，不能定义颜色。
- padding 是指盒子的边框到内容之间的距离。和 margin 一样，可以分别指定上右下左边框到内容的距离。如果 padding 都为 0 px，可以缩写为 padding：0 px。单独指定左填充可以写成 padding-left 0 px；。padding 是透明元素，不能定义颜色。
- border 是指层的边框，border-right：♯000000 thin solid；是定义层的右边框颜色为♯000000，宽度为细，边框样式为实线。
- color 用于定义字体颜色；line-height 用于定义行高。
- width 定义盒子的宽度，可以采用固定值，例如 500 px，也可以采用百分比，如 60%。要注意的是，这个宽度仅仅指内容的宽度，不包含 margin、border 和 padding。

可以优化 Dreamweaver 自动生成的代码，如上例可以优化为下面相对精简的代码，代码体积大大减少。这种精简可以手工修改代码完成或应用相关工具。盒模型代码优化的相关语法定义参看后 3 节。

```
#banner{
    background-color：#CCCCCC；
    height：150px；
    width：300px；
    margin：20px 30px 40px 50px；
    padding：50px 40px 30px 20px；
    border-top：#000099 2px dotted；
    border-right：#000000 thin dashed；
    border-bottom：#000000 0.5em double；
    border-left：#FFFFFF 12px inset；
                font-size：12px；
                line-height：150%；
}
```

3. 边框

边框主要有边框风格（border-style）属性、边框宽度（border-width）属性、边框颜色（border-color）属性。

边框风格属性用来设定上右下左边框的风格，它的值如下。

- none：没有边框，无论边框宽度设为多大。
- dotted：点线式边框。
- dashed：破折线式边框。
- solid：直线式边框。
- double：双线式边框。
- groove：槽线式边框。
- ridge：脊线式边框。
- inset：内嵌效果的边框。
- outset：突起效果的边框。

边框宽度属性用来设定上右下左边框的宽度，它的值如下。

- medium：默认值。
- thin：比 medium 细。
- thick：比 medium 粗。
- 用长度单位定值。可以用绝对长度单位（cm、mm、in、pt）或者用相对长度单位（em、px）。

边框颜色属性用来设定上右下左边框的颜色，例句如下：

```
#d5{border-color：gray；border-style：solid；}
```

上下左右四个边框不但可以统一设定，也可以分开设定。

- 设定上边框属性，可以使用 border-top，也可以使用 border-top-width、border-top-style、border-top-color。
- 设定下边框属性，可以使用 border-bottom，也可以使用 border-bottom-width、border-bottom-style、border-bottom-color。

- 设定左边框属性，可以使用 border-left，也可以使用 border-left-width、border-left-style、border-left-color。
- 设定右边框属性，可以使用 border-right，也可以使用 border-right-width、border-right-style、border-right-color。

4. 填充

填充属性可以同时设定上右下左填充属性。

可以为上下左右填充设置相同的宽度，示例如下：

♯p1 ｛padding：1cm｝

也可以分别设置填充，顺序是上右下左，示例如下：

♯p2｛padding：1cm 2cm 3cm 4cm｝

♯p2 表示上填充为 1 cm，右填充为 2 cm，下填充为 3 cm，左填充为 4 cm。

5. 边界

边界属性是用来设置页面中一个元素所占空间的边缘到相邻元素之间的距离。margin 会在 HTML 元素外创建额外的"空白"。"空白"是不能放其他元素的区域，在这个区域中可以看到父元素的背景。

左边界属性（margin-left）用来设定左边界的宽度，示例如下：

♯f1｛margin－left：1cm｝

可以为上下左右边界设置相同的宽度，示例如下：

♯f2｛margin：1cm｝

也可以分别设置边界，顺序是上右下左，示例如下：

♯f3 ｛margin：10％ 5％ 5％ 10％｝

♯f3 表示，上边界为 10％，右边界为 5％，下边界为 5％，左边界为 10％，百分比是相对于父元素的宽度的，10％表示父元素宽度的 10％。

♯f4 ｛ margin：0 auto；｝

♯f4 表示上边界和下边界为 0，左边界和右边界为 auto（自动）。

16.3　盒子的宽和高

在用 CSS 设计盒子的时候，可以设置宽（width）和高（height），但这个宽和高不是盒子本身的宽和高，而是盒子内容的宽和高。

盒子的宽＝左边界＋左边框＋左填充＋宽＋右填充＋右边框＋右边界。

盒子的高＝上边界＋上边框＋上填充＋高＋下填充＋下边框＋下边界。

可以看出，盒子的宽和高不是通过某个属性设置的，而是通过计算得来的。

以上盒子宽度和高度的计算方法适用于 IE 6.0 以上版本、FireFox 和 Opera。

【问题】

实例 16-1 和实例 16-2 中盒子的宽和高分别是多少？

16.4 Dreamweaver 可视化助理

在 Dreamweaver 中,在工具栏上选择【查看】→【可视化助理】命令,即可见到如图 16-7 所示的窗口,合理利用其中的选项,可以更好地完成盒子的设计。

可视化助理和盒子相关的部分主要是图 16-7 中的 CSS 布局背景、CSS 布局框模型、CSS 布局外框。

CSS 布局背景可以给盒子加上不同的背景颜色,便于查看效果,该背景颜色效果仅在 Dreamweaver 中存在,可以方便地查看页面的布局效果,在用多个盒子进行页面布局时十分有用。

CSS 布局框模型可以方便地在 Dreamweaver 中看到盒模型(框模型)的各个要素,如图 16-8 所示,盒子的 content、border、padding、margin 的区域都看得

图 16-7　Dreamweaver 可视化助理

非常清楚。在这种模式下,只要用鼠标单击盒子的边框,就能在 Dreamweaver 中看到如图 16-8 所示的页面。

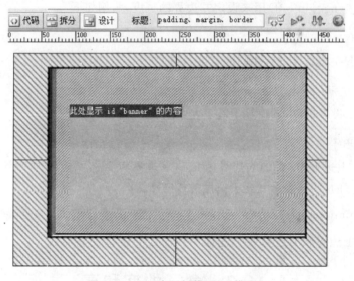

图 16-8　CSS 布局框模型(盒模型)

CSS 布局外框可以在不影响页面色彩设计的基础上方便地看到页面中的每个盒子的区域,每个盒子的区域都会有黑色的虚线提示。

值得注意的是,上述的可视化助理,只有当 CSS 样式应用在 Div 标签上的时候才起作用,如果 CSS 样式应用在其他标签上,将不会有上面所说的显示效果。DIV＋ID 选择符是标准的网页设计方法。

所有的可视化助理都是帮助用户在 Dreamweaver 中进行设计时更好地理解 CSS 和盒模型,与在浏览器中的实际浏览效果无关。

16.5 综合实例

【实例 16-3】

【实例描述】

实例 16-3 的显示效果如图 16-9 所示。在页面中可以放置多个盒子,这样就可以组成完整的页面,而页面也被分成多个盒子,可以单独地编辑。

图 16-9 多个盒子

实例 16-3 包括了 3 个盒子♯center、♯nav 和♯right,其中♯center 和♯nav 居中。每个盒子都包含了盒子的要素。

【实例分析】

- 实例可以在 Dreamweaver 中完成,建立内部 CSS 和外部 CSS 均可。
- 首先定义 CSS 样式,然后在网页中应用 CSS 样式,完成实例。
- 在网页中插入多个盒子时,为了避免不必要的嵌套,推荐在代码视图中完成,如图 16-10 所示。
- 参考代码如下。

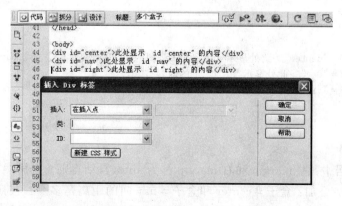

图 16-10 在代码视图中插入 Div 标签

212

```
<html>
<head>
<title>多个盒子</title>
    <style type = "text/css">
    <!--
    #center {
        background - color：#FFFF00;
        margin - top：50px;
        margin - right：auto;
        margin - bottom：30px;
        margin - left：auto;
        border：2px inset #000099;
        width：200px;
    }
    #nav {
        padding：20px;
        margin - top：30px;
        margin - right：auto;
        margin - bottom：30px;
        margin - left：auto;
        border：2px groove #990066;
        background - color：#CCFF99;
        height：60px;
        width：200px;
    }
    #right {
        background - color：#CCCCCC;
        border - right - width：5px;
        border - left - width：5px;
        border - right - style：solid;
        border - left - style：solid;
        border - right - color：#000066;
        border - left - color：#000066;
        height：100px;
        width：200px;
    }
    -->
    </style>
</head>
<body>
    <div id = "center">此处显示 id "center" 的内容,没有设置高度。</div>
    <div id = "nav">此处显示 id "nav" 的内容</div>
    <div id = "right">此处显示 id "right" 的内容</div>
</body>
</html>
```

【实例说明】

- 盒子的居中：左 margin 和右 margin 都为 auto(自动),则盒子居中。
- margin 的叠加：盒子#center 和盒子#nav 间的距离是多少? 按照前面的算法,应该是 center 的下边界+nav 的上边界,即 30 px+30 px=60 px,但从图 16-9 中可以看出,两个盒子的距离是 30 px。这是因为发生了 margin 的叠加,相邻的两个盒子如果都设置了 margin,那它们之间的距离为上面盒子的下边界和下边盒子上边界中的最大值,而不是两者的和。

- 在 Dreamweaver 中插入多个盒子时推荐使用代码视图,如图 16-10 所示;不要在设计视图中插入多个盒子,否则很容易出现盒子的嵌套。

16.6 习　　题

1. 做一个盒子,要求如下。

(1) 盒子的宽(width)为 380 px,高(height)为 380 px。

(2) 上右下左的 padding 分别为 30 px,10 px,40 px,20 px。

(3) 边框样式为 dotted,上下边框的宽度为 4,左右边框的宽度为 10。

(4) 左 margin 和右 margin 为 auto(自动),上 margin 为 20 px。

(5) 有背景图片,背景图片为横向重复。

(6) 样式名称、边框颜色、背景图片自己给定。

2. 建一个外部 CSS 文件 a2.css,完成下列样式的定义。

(1) .s1:字体大小为 18 px,粗细为粗体,字体颜色为♯9900FF,字母间距为 4 px。

(2) ♯head:左边界(margin)、右边界的取值都为自动,上填充(padding)为 5 px,左填充为 6 px,边框(border)为细的点画线,颜色为蓝色,整个盒子的背景颜色为黄色,默认字体大小为 12 px。

(3) ♯head h1:字体颜色为绿色,行高为 150%,字体大小为 16 px,背景颜色为♯669933。

在网页中应用 a2.css 文件中的这三个 CSS 样式。

第 17 章　CSS 布局

学习目标

通过本章的学习,掌握 CSS 的布局方法,能够应用 CSS 的布局方法完成网页的整体布局,理解定位的概念,掌握常用定位方法。

核心要点

➤ 绝对定位

➤ 相对定位

➤ 浮动定位

➤ 常见布局

表格布局和 CSS 布局是网页设计中的两种最常用的布局方法,它们代表了两种不同的思路和方法。表格布局是传统的网页设计方法,CSS 布局是基于 Web 标准的网页设计方法,经常根据它的实现方法把这种网页设计思想和方法称为 DIV＋CSS。CSS 布局方法逐渐在现实中得到了越来越广泛的应用,各大网站纷纷对网站进行重构,由表格布局转向 CSS 布局。

基于 Web 标准的网站建设方法将是网页设计技术的主流,它的核心就是 CSS 的布局方法;掌握了布局的方法之后,就可以轻松地学习 DIV＋CSS 了。

17.1　绝 对 定 位

绝对定位是一种常用的 CSS 定位方法,前面章节中学习的 Dreamweaver 中的层布局就是一种简单的绝对定位方法,绝对定位的基本思想和层布局基本相同,但是功能更加强大。

绝对定位在 CSS 中的写法是 position：absolute。它应用 top(上)、right(右)、bottom(下)、left(左)进行定位,默认父标签的坐标起始点为原点;对整个网页进行定位布局时其父标签为 body,其坐标原点在浏览器左上角。

如果盒子的宽度和高度确定,那么给定 top(或 bottom)和 left(或 right)两个属性就可以确定盒子在网页中的位置。例如一个盒子的宽为 400、高为 300、top 为 20、left 为 100,那么这个盒子在网页中的位置就确定了。

如果在一个网页中包含多个盒子,需要根据盒子的位置要求及高度、宽度计算得出各个盒子的 top(或 bottom)和 left(或 right),以达到用绝对定位进行网页布局的目的。

【实例 17-1】

【实例描述】

实例 17-1 的显示效果如图 17-1 所示。页面中包含三个盒子，三个盒子的位置都是由 top 和 left 属性决定的，定位方式应用的是绝对定位（absolute）。

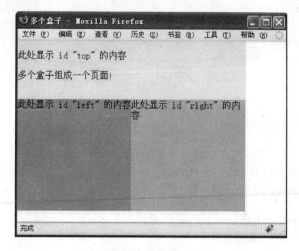

图 17-1　绝对定位

【实例分析】

- 实例可以在 Dreamweaver 中完成，建立内部 CSS 和外部 CSS 均可。
- 首先定义 CSS 样式，然后在网页中应用 CSS 样式，完成实例。
- 在网页中插入多个盒子时，为了避免不必要的嵌套，推荐在代码视图中完成，如图 16-10 所示。
- 参考代码如下。

```
<html>
<head>
<title>多个盒子</title>
    <style type = "text/css">
    <!--
    # top {
    height: 100px;
    width: 400px;
    position: absolute;
    left: 0px;
    top: 0px;
    background - color: # FFFF00;
    }

    # left {
    background - color: # 00FF00;
    height: 300px;
    width: 200px;
    left: 0px;
    top: 100px;
```

```
        position: absolute;
        }
        # right {
        background - color: # 00FFFF;
        position: absolute;
        height: 300px;
        width: 200px;
        left: 200px;
        top: 100px;
        }
        -- >
        </style>
    </head>
<body>
    <div id = "top">
        <p>此处显示 id "top" 的内容</p>
        <p>多个盒子组成一个页面!</p>
    </div>
    <div id = "left">此处显示 id "left" 的内容</div>
    <div id = "right">此处显示 id "right" 的内容</div>
</body>
</html>
```

【实例说明】

盒子的 top 和 left 属性可以确定一个盒子在页面中的位置,表 17-1 给出了计算的过程。

表 17-1　top 和 left 的计算过程

盒子名称	宽度	高度	top	left
# top	400	100	0	0
# left	200	300	# top. top + # top. height=100	0
# right	200	100	# top. top + # top. height=100	# left. left + # left. width=200

图 17-2 给出了在 Dreamweaver 中设置定位类型、top、left 的窗口。

需要注意的是,长度一定要有单位。

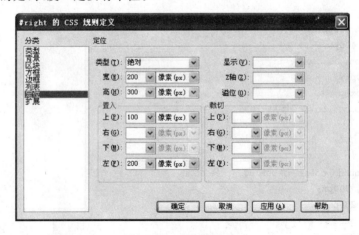

图 17-2　定位的设置

17.2 相 对 定 位

相对定位(position relative)需要知道相对的含义。相对(relative)是相对于静止定位(position static)时层的位置,也就是不设置 position 属性时的位置,参考实例 16-3 加深对静止定位的理解。

如果在网页中用到多个层,各个层的 top 和 left 需要计算得出。

需要注意的是,相对定位参考的原点是 static 时的位置,static 的参考原点是它的父标签的原点,如图 17-3 所示,relative 层的位置是相对于 head 层的,relative 层的参考原点是head 层的左上角的顶点,它在浏览器中的显示位置为它的 left 和 top 取值与参考原点的left 和 top 值对应的和。

【实例 17-2】

【实例描述】

实例 17-2 的显示效果如图 17-3 所示。页面中包含 2 个盒子,♯head 采用绝对定位,♯relative 采用相对定位,♯relative 在 ♯head 的内部。

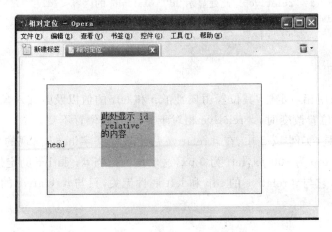

图 17-3 相对定位

【实例分析】
- 实例可以在 Dreamweaver 中完成,建立内部 CSS 和外部 CSS 均可。
- 首先定义 CSS 样式,然后在网页中应用 CSS 样式,完成实例。
- 在网页中插入多个盒子时,推荐在代码视图中完成,如图 16-10 所示。
- 参考代码如下。

```
<html>
<head>
<title>相对定位</title>
    <style type = "text/css">
        <!--
        ♯head {
            height: 200px;
            width: 400px;
```

```
        border: 1px solid #000066;
        background-color: #FFFF99;
        position: absolute;
        left: 50px;
        top: 50px;
    }
    #relative {
        position: relative;
        height: 100px;
        width: 100px;
        left: 100px;
        top: 50px;
        background-color: #00FFCC;
    }
    -->
    </style>
</head>
<body>
    <div id="head">
        <div id="relative">此处显示 id "relative" 的内容</div>
    head</div>
</body>
</html>
```

【实例说明】

#relative 采用相对定位,其位置由属性 top 和 left 的值以及其父对象 #head 的位置决定。当 #head 的位置改变时,#relative 相对于 #head 的位置不变。

值得注意的是,实例 17-2 中,在 #relative 后出现的文字 head 出现的位置。可以看出,head 的位置坐标 top 为 100 px,left 为 0 px,这个位置是当 #relative 的定位方式为 static 时后续内容的位置,它与 #relative 的 top 和 left 属性无关,只与 #relative 的高度相关。

【实例 17-3】

【实例描述】

实例 17-3 的显示效果如图 17-4 所示。本实例尝试用相对定位的方式进行整个页面的布局,这种布局方法没有实用价值,本实例的目的是使读者掌握相对定位的坐标计算方法和相对定位的一些特性,这些不是必须掌握的内容。

页面中包含 3 个层,都采用相对定位,实现的关键是计算得出各个层的坐标,或者说各层的 top 和 left 两个属性的值。

【实例分析】

- 实例可以在 Dreamweaver 中完成,建立内部 CSS 和外部 CSS 均可。
- 首先定义 CSS 样式,然后在网页中应用 CSS 样式,完成实例。
- 在网页中插入多个盒子时,为了避免不必要的嵌套,推荐在代码视图中完成,如图 16-10 所示。
- 参考代码如下。

```
<html>
<head>
```

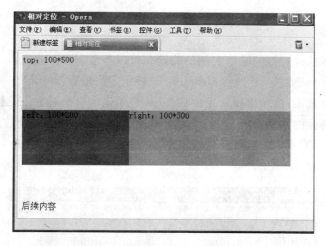

图 17-4　用相对定位布局整个页面

```css
<title>相对定位</title>
    <style type = "text/css">
    <! --
    #top {
                background - color：#CCCCCC；
                position：relative；
                height：100px；
                width：500px；
    }
    #left {
                background - color：#FF0000；
                position：relative；
                left：0px；
                top：0px；
                height：100px；
                width：200px；
    }
    #right {
        background - color：#00FF00；
                position：relative；
                left：200px；
                top： - 100px；
                height：100px；
                width：300px；
                }
    -- >
    </style>
</head>
<body>
    <div id = "top">top：100 * 500</div>
    <div id = "left">left：100 * 200</div>
    <div id = "right">right：100 * 300</div>
    后续内容
</body>
```

```
</html>
```

【实例说明】

相对定位坐标的计算方法是本实例的关键。可以参考下面的公式：

相对定位坐标＝绝对定位坐标(absolute)－静止定位坐标(static)。

从该公式可以看出，要求出相对定位的坐标，必须先求出绝对定位的坐标和静止定位的坐标。绝对定位坐标的计算方法在 17.1 绝对定位中已经讲过；静止定位即不设置 position 时的定位方式，坐标的 top、left 等值不起作用，可参考上一章的实例 16-3，本实例的静止定位显示效果如图 17-5 所示。

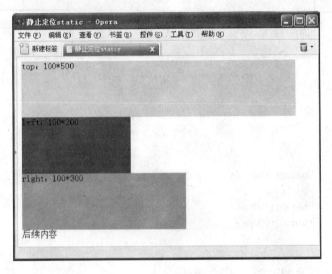

图 17-5　静止定位(static)

表 17-2 给出了相对定位的 left 和 top 的计算过程，可以看出 ♯ right 的 top 取值为负值。值得注意的是，实例中的文字"后续内容"和相对定位的坐标无关，在进行相对定位的时候，"后续内容"的位置只与静止定位相关。可以结合图 17-5 观察、总结相对定位后的内容的位置。

表 17-2　相对定位坐标的计算过程(left, top)

类型 层名称	♯ top	♯ left	♯ right
绝对定位坐标	0,0	0,100	200,100
静止定位坐标	0,0	0,100	0,200
相对定位坐标	0,0	0,0	200,−100

17.3　浮　　动

浮动是最常用的一种定位方式，也是本书推荐读者在进行网页布局时采用的布局方法。为掌握浮动方法的内涵和页面内容的设计，需要先理解显示(display)属性的块(block)和内嵌(inline)。

1. 块元素和内嵌元素

HTML 元素主要分为两种：块元素(block)、内嵌元素(inline)。

块元素总是在新行上开始；元素的宽、高、padding、margin 等都可控制；默认宽度是容器的 100%。常见块元素如\<div\>、\<p\>、\<h1\>、\<form\>、\<ul\>、\<li\>、\<ol\>、\<dl\>、\<dt\>、\<dd\>和\<table\>。

内嵌元素可和其他元素在同一行上；宽、高、padding、margin 等不可改变；常见内嵌元素如\<span\>、\<a\>、\<label\>、\<input\>、\<img\>、\<strong\> 和\<em\>。

用 display：inline 或 display：block 可以改变 HTML 元素的显示特性。以下是需要改变 HTML 元素的 display 属性的情况：让 inline 元素从新行开始；让 block 元素和其他元素在同一行上；给 inline 元素设置宽度或高度(导航条常用)。

在 Dreamweaver 中，可以方便地设置显示(display)属性，如图 15-19 所示。

【实例 17-4】

【实例描述】

实例 17-4 通过 display 属性改变前后的对比进一步加深读者对 inline 和 block 的理解。

图 17-6 给出了超链接(a)和列表项(li)的默认显示样式。其中超链接默认是 inline 显示方式，可以在同一行中显示多个超链接；列表项默认是 block 显示方式，一行只能显示一个列表项。

图 17-6　超链接和列表项默认显示样式

图 17-7 给出了重新定义 display 属性后的页面显示样式。在图 17-7 对应的 CSS 中，定义超链接的显示样式为 block，定义列表项的显示样式为 inline。重新定义后，一行只能显示一个超链接，并且可以设置超链接的宽度、高度、padding、margin 和 border；可以在一行中显示多个列表项，这种方法经常应用在导航条的设计上。

【实例分析】

- 实例可以在 Dreamweaver 或 EditPlus 中完成，推荐在 Dreamweaver 中完成实例。
- 需要定义标签选择符。
- 参考代码如下。

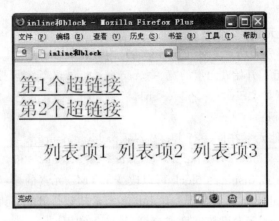

图 17-7　改变 display 后的显示样式

图 17-6 代码

```html
<html>
<head>
<title>inline 和 block</title>
    <style type = "text/css">
    <! --
    body {
        font - size: 2em;
    }
    -- >
    </style>
</head>
<body>
    <a href = " # ">第 1 个超链接</a>
    <a href = " # ">第 2 个超链接</a>
    <ul>
        <li>列表项 1</li>
        <li>列表项 2</li>
        <li>列表项 3</li>
    </ul>
</body>
</html>
```

图 17-7 代码

```html
<html>
<head>
<title>inline 和 block</title>
    <style type = "text/css">
    <! --
    body {
        font - size: 2em;
    }
    a {
        display: block;
    }
```

```
      li {
          display: inline;
      }
      -- >
    </style>
    </head>
<body>
    <a href = " # ">第 1 个超链接</a>
     <a href = " # ">第 2 个超链接</a>
   <ul>
    <li>列表项 1</li>
    <li>列表项 2</li>
    <li>列表项 3</li>
   </ul>
</body>
</html>
```

【实例说明】

display 是常用的属性,display:none 可以定义 HTML 元素不显示,可以完成许多特殊效果的设计。

Div 标签的默认 display 属性为 block,在应用 Div 进行布局时,很多时候需要多个 Div 在同一行,完成一种多列效果的设计。在进行这种多列效果设计的时候还需要保持 Div 的一些属性,如宽度、高度、padding、margin 和 border,这就不能简单地改变 Div 标签的 display 为 inline,而需要用浮动的方法(float)。

2. 浮动设置

CSS 的 float 属性,作用就是改变块元素(block)对象的默认显示方式。block 对象设置了 float 属性之后,可以在保持 block 对象特性的基础上,使多个 block 对象在同一行中显示。

使用浮动的时候经常会使用一个容器把各个浮动的盒子组织在一起,使一个盒子中包含多个盒子,达到更好的布局效果。

浮动的取值有左对齐、右对齐、无。左对齐使浮动对象靠近其容器的左边,可以有多个对象左浮动,当一个浮动对象的宽度小于容器剩余的宽度时,它就会自动另起一行。

在 Dreamweaver 中可以在图 17-8 所示的窗口中设置浮动为左对齐,同样也可以设为右对齐。

图 17-8   在 Dreamweaver 中设置浮动

图 17-9、图 17-10、图 17-11 给出了同样的代码在不同浏览器宽度下的显示样式。图中有 4 个盒子，每个盒子都为左浮动。由于设置了浮动，4 个盒子可以如图 17-9 所示在同一行中显示，如果浏览器剩余的宽度小于要附加的盒子的宽度，附加的盒子就会另起一行，如图 17-10 和图 17-11 所示。

图 17-9　左浮动 1

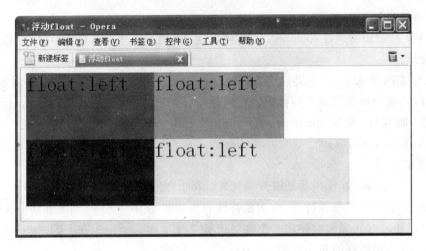

图 17-10　左浮动 2

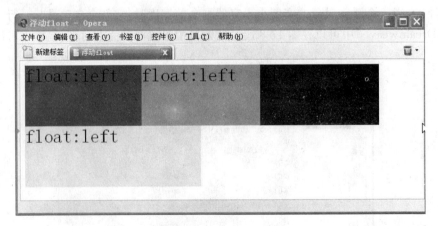

图 17-11　左浮动 3

图 17-12、图 17-13 和图 17-14 也是相同的代码在不同的浏览器宽度下的显示结果,页面中共有 4 个盒子,其中 2 个盒子左浮动,2 个盒子右浮动。实例 17-5 给出了这 3 个图的实现代码。

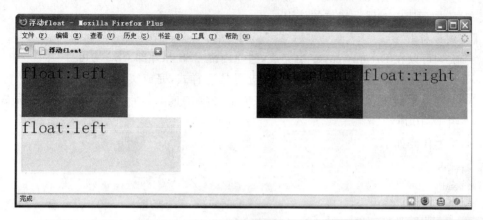

图 17-12　左浮动和右浮动 1

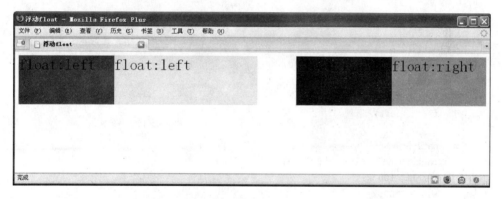

图 17-13　左浮动和右浮动 2

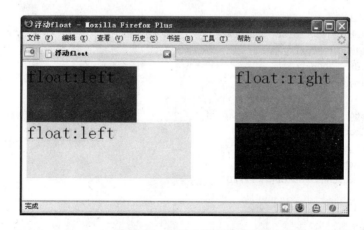

图 17-14　左浮动和右浮动 3

【实例 17-5】

【实例描述】

实例 17-5 的显示效果如图 17-12、图 17-13 和图 17-14 所示。本实例用浮动的方法进行网页布局,加深读者对浮动定位的认识。

【实例分析】

- 实例可以在 Dreamweaver 中完成,建立内部 CSS 和外部 CSS 均可。
- 首先定义 CSS 样式,然后在网页中应用 CSS 样式,完成实例。
- 在网页中插入多个盒子时,为了避免不必要的嵌套,推荐在代码视图中完成,如图 16-10 所示。
- 参考代码如下。

```html
<html>
<head>
<title>浮动 float</title>
    <style type = "text/css">
    <!--
    body {
        font - size: 2em;
    }
    #float1 {
        background - color: #FF0000;
        height: 100px;
        width: 200px;
        float: left;
    }
    #float2 {
        background - color: #00FF00;
        height: 100px;
        width: 200px;
        float: right;
    }
    #float3 {
        background - color: #0000FF;
        height: 100px;
        width: 200px;
        float: right;
    }
    #float4 {
        float: left;
        height: 100px;
        width: 300px;
        background - color: #FFFF00;
    }
    -->
    </style>
</head>
<body>
    <div id = "float1">float:left</div>
```

```
        <div id="float2">float:right</div>
        <div id="float3">float:right</div>
        <div id="float4">float:left</div>
    </body>
</html>
```

【实例说明】

使用浮动定位完成多列效果时,浏览器宽度的变化会使页面显示效果发生比较大的变化,这在多数情况下是应该避免的。最常用的解决方法是将需要多列显示的多个盒子放在一个固定宽度(width)的容器(盒子)中,语法如下所示。

```
<div id="container">
    <div id="float1">float:left</div>
    <div id="float2">float:right</div>
    <div id="float3">float:right</div>
    <div id="float4">float:left</div>
</div>
```

其中 container 也是一个盒子,通常称为容器,它有固定的宽度,在用浮动的方法进行多列布局的设计时,通常应用上面的技巧。同时可以在 container 容器上设置居中等特性,满足更多的用户需求。

现实中常用的是两列和三列布局。

【实例 17-6】

【实例描述】

实例 17-6 的显示效果如图 17-15 所示。本实例用浮动的方法进行网页布局,♯left 和♯right 都应用浮动的方法在同一行中显示,完成两列的显示效果,并采用容器包含 left 和 right 两列,保证页面在任何浏览器宽度下保持相同的显示效果;整个布局页面居中。盒子居中和容器的使用是浮动定位的重要技巧,请读者结合本例进一步加深理解。

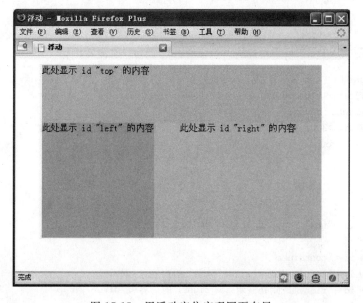

图 17-15　用浮动定位实现网页布局

【实例分析】

- 实例可以在 Dreamweaver 中完成,建立内部 CSS 和外部 CSS 均可。
- 首先定义 CSS 样式,然后在网页中应用 CSS 样式,完成实例。
- 在网页中插入多个盒子时,为了避免不必要的嵌套,推荐在代码视图中完成,如图 16-10 所示。
- 参考代码如下。

```html
<html>
<head>
<title>浮动</title>
    <style type = "text/css">
    <!--
    body {
        text - align: center;
    }
    #top {
        background - color: #FF99FF;
        height: 100px;
        width: 500px;
        margin - right: auto;
        margin - left: auto;
        text - align: left;
    }
    #container {
        width: 500px;
        margin - right: auto;
        margin - left: auto;
    }
    #left {
        background - color: #00FFFF;
        float: left;
        height: 200px;
        width: 200px;
    }
    #right {
        float: left;
        height: 200px;
        width: 300px;
        background - color: #99FF00;
    } -->
    </style>
</head>
<body>
    <div id = "top"><p>此处显示 id "top" 的内容</p></div>

    <div id = "container">
    <div id = "left">此处显示 id "left" 的内容</div>
    <div id = "right">此处显示 id "right" 的内容</div>
    </div>
```

```
</body>
</html>
```

多列的布局推荐使用容器,容器内只装盒子,其他的文字应该删去。

盒子的左 margin 和右 margin 设为自动可以使盒子居中,相关 CSS 定义方法如下:

```
margin - right: auto;
margin - left: auto;
```

或

```
margin:0 auto;
```

对于两列或多列的布局,如果两列需要居中,设置 margin-right 和 margin-left 为 auto 的方法并不能奏效,需要添加一个容器,将两列都放在这个容器中,并将容器居中,这样就能完成两列居中的效果。容器本身也是一个盒子,容器居中的方法就是一列居中的方法。

上述设置 margin-right 和 margin-left 为 auto 使盒子居中的方法在 FireFox 和 Opera 浏览器下都有效,这也是符合 CSS 标准的写法。

在 IE 浏览器下,需要通过下述 CSS 定义使盒子居中:

```
body {
text - align: center;
}
```

实例 17-6 中,同时使用了上述两种方法,能够使整个布局在 IE、FireFox 和 Opera 等各种浏览器中都居中。

在 IE 中通过设置容器(盒子的容器是 body)的 text-align: center 使盒子居中会产生副作用,即盒子中的文字也会居中,如果不想要这种文字居中的效果,可以仿照实例给盒子增加 text-align 属性,重新定义盒子中文字的对齐方式。

3. 清除

【实例 17-7】

【实例描述】

实例 17-7 的显示效果如图 17-16 所示。本实例用浮动的方法进行网页布局,页面中应用了 6 个盒子(包括 1 个容器),页面是典型的三列布局,中间的三列通过应用浮动的方法得以在同一行中显示。在应用了浮动的盒子下面,有一个新起一行的盒子 #footer,它需要设置特殊的属性 clear(清除)。

【实例分析】

- 实例可以在 Dreamweaver 中完成,建立内部 CSS 和外部 CSS 均可。
- 首先定义 CSS 样式,然后在网页中应用 CSS 样式,完成实例。
- 在网页中插入多个盒子时,为了避免不必要的嵌套,推荐在代码视图中完成,如图 16-10 所示。
- 参考代码如下。

```
<html>
<head>
```

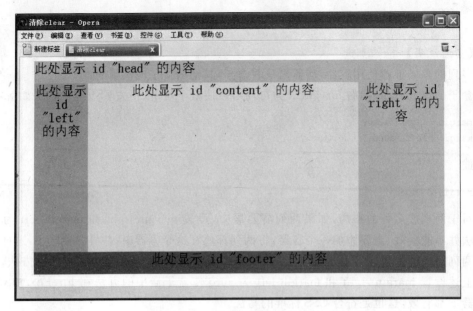

图 17-16　用浮动定位实现网页布局

```
<title>清除 clear</title>
    <style type = "text/css">
    <!--
    body {
    text - align: center;
    font - size: 1.5em;
    }
    # head {
                background - color: #FF99FF;
                height: 40px;
                width: 760px;
                text - align: left;
                margin - right: auto;
                margin - left: auto;
    }
    # container {
                width: 760px;
                margin - right: auto;
                margin - left: auto;
    }
    # left {
                background - color: #00FFFF;
                float: left;
                height: 360px;
                width: 100px;
    }
    # content {
                background - color: #FFFF00;
                float: left;
```

```
                height: 360px;
                width: 500px;
        }
        #right {
                float: left;
                height: 360px;
                width: 158px;
                background-color: #99FF00;
        }
        #footer {
                background-color: #FF00FF;
                clear: both;
                height: 40px;
                width: 760px;
                margin-right: auto;
                margin-left: auto;
        }
        -->
    </style>
</head>
<body>
    <div id="head">此处显示 id "head" 的内容</div>
    <div id="container">
        <div id="left">此处显示 id "left" 的内容</div>
        <div id="content">此处显示 id "content" 的内容</div>
        <div id="right">此处显示 id "right" 的内容</div>
    </div>
    <div id="footer">此处显示 id "footer" 的内容</div>
</body>
</html>
```

【实例说明】

应用了浮动的盒子下面要新起一行,在下面另外开始新的一行布局,需要使用 clear 属性,清除浮动。clear 的取值如下。

- none：默认值,允许两边都可以有浮动对象。
- left：不允许左边有浮动对象。
- right：不允许右边有浮动对象。
- both：不允许有浮动对象。

在进行页面布局的时候,清除浮动通常采用 clear：both。

【注意事项】

- Div 标签一定不要嵌套错误,如果是在 Dreamweaver 中做相关操作,建议切换到代码视图。
- 定位的方法有上面介绍的绝对定位、相对定位和浮动定位,使用了绝对定位和相对定位的盒子相当于一个独立的层,和其他的盒子没有直接联系。在现实中,各种定位方法都有应用,有的时候需要三种方法结合在一起应用。
- 在布局的时候,需要考虑页面在多种浏览器中的显示效果,尽量让页面在多种浏览器中得到相近的视觉效果,需要考虑用户可能的分辨率和主流分辨率的显示效果。

- 在计算盒子和容器大小时,一定要区分盒子的宽度和盒子的 width 之间的区别,正确计算盒子大小。

17.4　习　　题

1. 用浮动的方法完成图 17-17～图 17-23 中的各种布局,相关要求如图题所示。

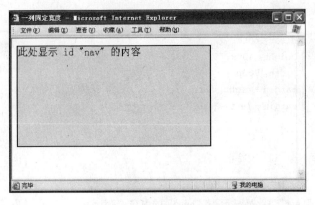

图 17-17　固定宽度一列布局

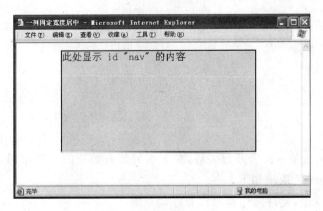

图 17-18　居中的一列布局

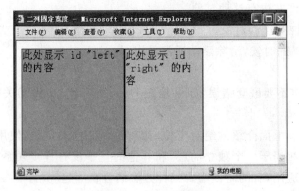

图 17-19　两列固定宽度

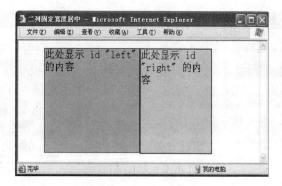

图 17-20　两列居中

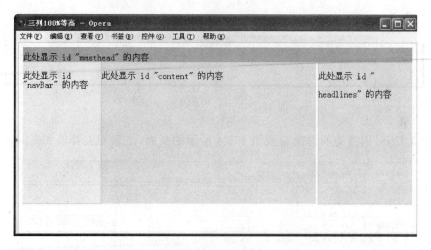

图 17-21　三列等高

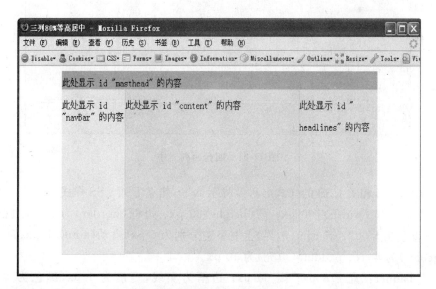

图 17-22　三列等高居中

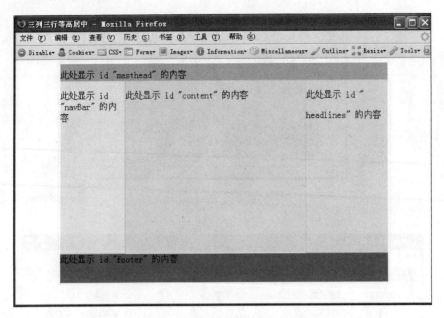

图 17-23　三行三列等高居中

2. 建立 CSS,用浮动的方法完成图 17-24 所示的页面,注意相关要求和提示。

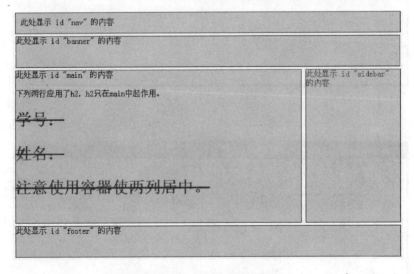

图 17-24　四行两列居中

参考图 17-24,相关 CSS 的样式名称及提示如下,建立下列 CSS 样式。

(1) ♯nav:宽(width)760 px;高(height)20 px;边框(border)为实线,边框宽度为 1 px,边框颜色为♯003;margin(边界)上右下左分别为 5 px、自动(auto)、5 px、自动;背景颜色(bgcolor)为♯ccc;padding(填充)为 10 px。

(2) ♯banner:宽 778 px;高 60 px;边框为实线,宽度为 1 px,颜色为♯003;左 margin、右 margin、下 margin 分别为自动、自动、5 px;背景颜色为♯ccc。

(3) ♯pagebody:容器;宽为 782 px;左 margin、右 margin、下 margin 分别为自动、自

动、5 px；

（4）♯main：宽 580 px；高 300 px；边框为实线，宽度为 1 px，颜色为♯003；背景颜色为♯ccc；左浮动(float:left)。

（5）♯sidebar：宽 190 px；高 300 px；边框为实线，宽度为 1 px，颜色为♯003；背景颜色为♯ccc；右浮动(float:right)，默认字体颜色为蓝色。

（6）♯main h2：字体颜色♯f00；字体大小 2 em(字体高，注意单位)，行高 150％(注意单位)；字体带删除线(text-decoration：line-through)；字体粗细(font-weight)为加粗。

（7）♯footer：宽 780 px；高 60 px；边框为实线，宽度为 1 px，颜色为♯003；背景颜色为♯ccc；清除两者(clear：both;)；margin 上右下左分别为 5 px、自动、5 px、自动。

在网页中调用上述 CSS 样式，相关文字不要求完全和图片提示相同。

说明：建立的 CSS 文件的文件名为 a2.css(用内部 CSS 亦可)，建立的 html 文件名为 a2.html，所有文件存放在 a2 文件夹中。

第18章 DIV+CSS

学习目标

通过本章的学习，了解 Web 标准的基本含义，掌握 XHTML 的基本要求，掌握 DIV+CSS 的思想和基本技巧。

核心要点

➢ Web 标准
➢ XHTML
➢ DIV+CSS 思想
➢ DIV+CSS 实例

随着网站建设技术的不断发展，基于 Web 标准的网站设计方法已经成为主流的网站设计方法，并且逐渐取代了传统的表格布局方法。Web 标准在国外有着较长时间的应用和研究历史，在国内一直没有得到太大规模的应用，但仿佛一夜之间，国内的各大网站都开始采用 DIV+CSS 的设计方法对网站进行重构。正是眼睁睁地看着一个个网站从表格布局变为 DIV+CSS 布局，促使作者在书中引入这种方法，本书在编排上的最大的目的就是希望以一种简单的方法让初学者能够在较短的时间内从零开始真正掌握网页设计的基本方法和高级技巧，并具备自我学习、自我提升的能力。

一个好的网页应该在不同的浏览器下都有良好的显示效果。由于不同浏览器对 CSS 的支持也不同，相同的网页在不同的浏览器中的显示效果可能存在差异，在实现中经常需要考虑不同浏览器下的显示效果，目前有很多相应的解决方法如 CSS Hack 等。本书的读者对象是初学者，他们的学习时间跨度很可能超越一个 IE 浏览器的新版本发布的时间，所以本书尽量避免牵扯和浏览器相关的内容，把重点集中在网页设计的基础内容和核心内容。对于想进一步学习 CSS 的读者，适当考虑网页在不同浏览器下的显示效果也是十分必要的。

18.1 Web 标准

基于 Web 标准的网站设计方法现在已经逐渐成为主流的网页设计方法。

使用 Web 标准的主要好处如下：

• 使用 Web 标准可以使网页不必依赖于具体的浏览器，不至于因为浏览器的升级而使以前设计的网页废弃；

• 使用 Web 标准让内容与表现相分离，CSS 样式作为网页的表现形式可以在整个网

站内的网页中应用,保证了网站风格的一致;

- Web 标准可以减少网页的代码量,减轻 Web 服务器的负担,而表格布局有太多的冗余代码;
- 使用 Web 标准可以供更广泛的设备(包括屏幕阅读机、手持设备、搜索机器人、打印机和电冰箱等)阅读;
- 使用 Web 标准更容易被搜索引擎搜索,并可增加网站的易用性,提供适宜打印的版本,方便改版;
- 使用 Web 标准可以加快网站显示速度,传统的表格布局只有当整个 table 下载下来后才能在浏览器中显示,而应用了 Web 标准之后,可以下载一个 DIV,显示一个 DIV,让用户感觉速度更快。

Web 标准还有很多其他的好处,可以在实践之中慢慢体会。

那到底什么是 Web 标准呢? Web 标准,即网站标准,目前通常所说的 Web 标准一般指网站建设采用基于 XHTML 语言的网站设计语言,Web 标准中典型的应用模式是 DIV+CSS。实际上,Web 标准并不是某一个标准,而是一系列标准的集合。

网页主要由三部分组成:结构(Structure)、表现(Presentation)和行为(Behavior)。对应的网站标准也分三方面:结构化标准,主要包括 XHTML 和 XML;表现标准,主要包括 CSS;行为标准,主要包括对象模型(如 W3C DOM)、ECMAScript 等。

在 Web 标准的三个部分中,XHTML 和 HTML 4.0 非常相像,只要再熟悉一下 XHTML 的书写规范就可以了;CSS 已经在前面的章节进行了比较深入的学习,DIV+CSS 中的布局方法已经在第 17 章做了较深入的阐述,本章将对其内容的设计方法做一些探讨;行为将在后面的 JavaScript 部分进行学习。

DIV+CSS 是 Web 标准的一种实现方式。实现完全符合 Web 标准的网站有一定难度,这是一个循序渐进的过程。

18.2 XHTML

XHTML(The Extensible HyperText Markup Language,可扩展标识语言)是目前推荐使用的网页标记语言。HTML 是一种基本的 Web 网页设计语言,XHTML 是一个基于 XML 的标记语言,看起来与 HTML 有些相像,有一些小的但重要的区别。本质上说,XHTML 是一个过渡技术,结合了部分 XML 的强大功能和大多数 HTML 的简单特性。

2000 年底,国际 W3C 组织(World Wide Web Consortium)发布了 XHTML 1.0 版本。XHTML 1.0 是一种在 HTML 4.0 基础上优化和改进的新语言,目的是基于 XML 的应用。XHTML 是一种增强了的 HTML,它的可扩展性和灵活性将适应未来网络应用更多的需求。XML 虽然数据转换能力强大,完全可以替代 HTML,但面对成千上万已有的基于 HTML 语言设计的网站,直接采用 XML 还为时过早。因此,在 HTML 4.0 的基础上,用 XML 的规则对其进行扩展,得到了 XHTML。所以,建立 XHTML 的目的就是实现 HTML 向 XML 的过渡。目前国际上在网站设计中推崇的 Web 标准就是基于 XHTML 的应用,即通常所说的 DIV+CSS。

可以把 XHTML 看成是严谨而准确的 HTML,下面介绍 XHTML 的特性。

1. 选择合适的 DOCTYPE

仔细查看 Dreamweaver 自动生成的网页或现实中的任何网页,都会在 HTML 文件的第一行看到类似下面的代码:

```
<!DOCTYPE html PUBLIC " - //W3C//DTD XHTML 1.0 Transitional//EN"
"http://www.w3.org/TR/xhtml1/DTD/xhtml1 - transitional.dtd">
```

上面这些代码称为 DOCTYPE 声明。DOCTYPE(Document Type,文档类型)用来说明网页使用的 XHTML 或者 HTML 版本。

其中 DTD(如 xhtml1-transitional.dtd)称为文档类型定义,它包含了文档的规则,浏览器根据定义的 DTD 来解释页面。

要建立符合标准的网页,必须声明 DOCTYPE。

XHTML 1.0 提供了三种 DTD 声明可供选择:

过渡的(Transitional):要求非常宽松的 DTD,它允许继续使用 HTML 4.0 的标识(但是要符合 xhtml 的写法),完整代码如下:

```
<!DOCTYPE html PUBLIC " - //W3C//DTD XHTML 1.0 Transitional//EN"
"http://www.w3.org/TR/xhtml1/DTD/xhtml1 - transitional.dtd">
```

严格的(Strict):要求严格的 DTD,不能使用任何表现层的标识和属性,如
,完整代码如下:

```
<!DOCTYPE html PUBLIC " - //W3C//DTD XHTML 1.0 Strict//EN"
"http://www.w3.org/TR/xhtml1/DTD/xhtml1 - strict.dtd">
```

框架的(Frameset):专门针对框架页面设计使用的 DTD,如果页面中包含有框架,则需要采用这种 DTD,完整代码如下:

```
<!DOCTYPE html PUBLIC " - //W3C//DTD XHTML 1.0 Frameset//EN"
"http://www.w3.org/TR/xhtml1/DTD/xhtml1 - frameset.dtd">
```

那在网页设计的过程中该选择哪种 DTD 呢?理想情况当然是严格的 DTD,但对于大多数刚接触 Web 标准的设计师来说,过渡的 DTD(XHTML 1.0 Transitional)是目前理想的选择。因为这种 DTD 允许使用表现层的标识、元素和属性,也比较容易通过 W3C 的代码校验。

上面说的"表现层的标识、属性"是指那些纯粹用来控制表现的标签,例如用于排版的表格、背景颜色标识等。在 XHTML 中标记是用来表示结构的,而不是用来实现表现形式,过渡的目的是最终实现数据和表现相分离。

DOCTYPE 声明必须放在每一个 XHTML 文档最顶部,在所有代码和标识之上。

如果应用 Dreamweaver 制作网页,Dreamweaver 会自动给每个网页添加 Transitional 的 DOCTYPE。

2. 头文件

基于 XHTML 的网页设计除了需要指定 DOCTYPE,还需要进行一些其他的设置,所有的这些设置都在头文件中或者头文件之前。

下面是 Dreamweaver 新建一个 HTML 文件时自动生成的代码,这些代码中包含了符合规范的网页需要包含的三个要素,是一个网页必备的框架,相关代码如下。

```
<!DOCTYPE html PUBLIC " - //W3C//DTD XHTML 1.0 Transitional//EN" "http://www.w3.org/TR/
xhtml1/DTD/xhtml1 - transitional.dtd">
<html xmlns = "http://www.w3.org/1999/xhtml">
<head>
<meta http - equiv = "Content - Type" content = "text/html; charset = gb2312" />
<title>标题</title>
</head>
<body>
</body>
</html>
```

在上例中,首先定义了 DOCTYPE。

<html xmlns="http://www.w3.org/1899/xhtml">定义了网页的名字空间。

<meta http-equiv="Content-Type" content="text/html; charset=gb2312" />定义了网页的语言编码,以便被浏览器正确解释和通过标识检验,所有的 XHTML 文档都必须声明它们所使用的编码语言。GB 2312 是中文国家标准,GBK 是较新的中文国家标准,可能用到的其他字符集有 Unicode、ISO 8859-1 等。

编写基于 XHTML 的网页必须基于上面的代码框架,下面代码给出了新浪 NBA 首页的 HTML 文件 head 中前面的部分,相关代码如下。

```
<!DOCTYPE html PUBLIC " - //W3C//DTD XHTML 1.0 Transitional//EN" "http://www.w3.org/TR/
                xhtml1/DTD/xhtml1 - transitional.dtd">
<html xmlns = "http://www.w3.org/1999/xhtml">
<head>
<meta http - equiv = "Content - type" content = "text/html; charset = gb2312">
<title>NBA 专题_NIKE 新浪竞技风暴_新浪网</title>
<meta name = "publishid" content = "6,403,1">
<meta name = "keywords" content = "NBA 新闻,NBA,NBA 直播,直播,火箭队,火箭,姚明,麦蒂,雄鹿,
                易建联,湖人,热火,科比,奥尼尔,王治郅,巴特尔,0708 赛季,常规赛,赛季,季后
                赛,总冠军,技术统计,NBA 常规赛,NBA 季后赛,总决赛,NBA 总决赛,季前赛,NBA
                季前赛,赛程,NBA 排名,排名,NBA 赛程,转会,交易,签约,球员交易" />
<meta name = "description" content = "新浪体育 NBA 专题是一个有关 NBA 新闻报道的专题,提供最
                快速最全面最专业的 NBA 新闻,图片,实时直播,数据,姚明和火箭队报道,易建
                联和雄鹿队报道,NBA 常规赛和 NBA 季后赛报道" />
```

可以看出,代码中除了有 DOCTYPE、名字空间和编码语言之外,在头文件中还有 Content-Type 之外的 meta 元素,最主要的就是 keywords 和 description。keywords 是网页的关键字,description 是网页的描述,恰当的设置 keywords 和 description 可以让搜索引擎更好地搜索该网页,获得更多的浏览者。

3. 代码规范

XHTML 必须遵循一定的代码规范,这也是 XHTML 在形式上和 HTML 的最大不同;如果真正想成为一个好的网页设计师,那么从现在开始遵循下列的规范吧。

(1) 所有的标记都必须要有一个相应的结束标记

在 HTML 中,可以打开许多标签不用关闭,如<p>和<li>而不一定写对应的</p>和</li>来关闭它们,但在 XHTML 中这是不合法的。XHTML 要求有严谨的结构,所有

标签必须关闭。如果是单独不成对的标签,应在标签最后加一个"/"来关闭它。例如:

```
<br /><img src = "banner.jpg"/>
```

(2) 所有标签的元素和属性的名字都必须使用小写

与 HTML 不一样,XHTML 对大小写是敏感的,<title>和<TITLE>是不同的标签。XHTML 要求所有的标签和属性的名字都必须使用小写。例如,<BODY>必须写成<body>。大小写夹杂也是不被认可的,属性 onMouseOver 也需要修改成 onmouseover。

(3) XHTML 元素必须合理嵌套

同样因为 XHTML 要求有严谨的结构,因此所有的嵌套都必须按顺序,下面的代码:

```
<p><b></p></b>
```

必须修改为:

```
<p><b></b></p>
```

(4) 所有的属性必须用英文双引号括起来

在 HTML 中,可以不需要给属性值加引号,但是在 XHTML 中,它们必须加引号。例如,<height=80>必须修改为<height="80">。

(5) 把所有特殊字符用编码表示

任何小于号(<),不是标签的一部分,都必须被编码为 <

任何大于号(>),不是标签的一部分,都必须被编码为 >

任何"与"符号(&),不是实体的一部分的,都必须被编码为 &amp。

(6) 属性的简写被禁止

XHTML 规定所有属性都必须有一个值,没有值的就重复本身。例如:

```
<input type = "checkbox" name = "male" value = "m" checked>
```

必须修改为:

```
<input type = "checkbox" name = "male" value = "m" checked = "checked">
```

(7) 用 id 代替 name 属性

在 HTML 中,a、frame、img、form 等标签都有 name 属性,在 XHTML 中,除了 form 外,不使用 name 属性,而用 id 属性代替它。

(8) 不要在注释内容中使"——"

"——"只能发生在 XHTML 注释的开头和结束,也就是说,在内容中它们不再有效。

例如下面的代码是无效的:

```
<!--注释---------- 注释-->
```

18.3　DIV+CSS 基本思想

DIV+CSS 是一种网页设计的思想,其最基本的思路就是实现网页的内容和表现相分离。

DIV 元素是用来为 HTML 文档内大块(block-level)的内容提供结构和背景的元素。

DIV 的起始标签和结束标签之间的所有内容都是用来构成这个块的,其中所包含元素的特性由 DIV 标签的属性来控制。

DIV+CSS 的基本过程是先布局,对网页进行总体设计;再设计内容,对布局的每一部分进行设计。

DIV+CSS 应用盒模型(BOX Model)进行布局,布局的方法在上一章 CSS 布局中有较深入的阐述,在布局的时候需要考虑多种浏览器下的显示效果,在必要的时候需要使用 JavaScript 脚本配合完成比较复杂的布局要求。布局的过程也完全符合内容和表现相分离的思想,盒子在 CSS 中描述,然后把 CSS 样式应用在 DIV 标签上,就完成了布局的过程。

DIV+CSS 对内容的设计也体现内容和表现相分离的思想,对内容的表现的描述都在 CSS 中,内容可以应用 CSS 样式,不需要额外的 HTML 标签进行内容的修饰。

在 DIV+CSS 中和 CSS 配合使用的 HTML 元素主要有 h1、h2、h3、h4、h5、h6、ul、ol、li、div、span 等,通过 CSS 样式对这些 HTML 标签进行重新定义,达到以内容和表现相分离的方法完成网页内容设计的目的。

18.4 导航条设计

【实例 18-1】

【实例描述】

实例 18-1 的显示效果如图 18-1 所示。导航条是网页中常见的功能之一,在 DIV+CSS 中一般用 ul、li 来实现导航条的功能,这与传统的网页设计方法不同。该实例和实例 15-3 很相似,对导航条的实现方法进行更加深入的扩展和总结。

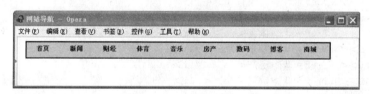

图 18-1 网站导航

【实例分析】

• 实例可以在 Dreamweaver 中完成,建立内部 CSS 和外部 CSS 均可。

• 首先定义 CSS 样式,然后在网页中应用 CSS 样式,完成实例。

• 参考代码如下。

```
<html>
<head>
    <style type = "text/css"><!--
    body,div {font - size:12px;}
    #menu {
        margin: 0px 8px 0px 8px;
        padding: 4px 0px 0px 0px;
        border: 2px solid #000066;
        color: #666;
```

```
            height:25px;
            width:600px;
            background-color: #CCCCFF;
        }
        #menu ul {
            list-style-type: none;
            text-align: center;
            display:inline;
        }
        #menu li { float: left; }
        #menu li a {
            display: block;
            padding:2px 3px 2px 3px;
            font-weight: bold;
            width:60px;
            color: #444;
            text-decoration: none;
            background-color: transparent;
            line-height: 100%;
        }
        #menu li a:hover {color: #FFf;background-color: #C61C18;}
        ->
        </style><title>网站导航</title></head>
<body>
    <div id="menu">
        <ul>
        <li><a href=#>首页</a></li>
        <li><a href=#>新闻</a></li>
        <li><a href=#>财经</a></li>
        <li><a href=#>体育</a></li>
        <li><a href=#>音乐</a></li>
        <li><a href=#>房产</a></li>
        <li><a href=#>数码</a></li>
        <li><a href=#>博客</a></li>
        <li><a href=#>商城</a></li>
        </ul>
    </div>
</body>
</html>
```

【实例说明】

实例 18-1 是典型的导航条实现，可以在其基础上自由扩展，实现更美观的导航条。

在上面的例子中，在 #menu ul 和 #menu li a 中都用到了 display 属性，它们的值分别是 inline 和 block，这也是 display 属性最常用的两个值。

display 为 inline 的元素是内嵌元素，如 strong、a 和 em 元素默认是内嵌元素，多个内嵌元素可以在同一行中显示。display 为 block 的元素是块元素，如 h1 和 p 默认是块元素，每个块元素单独占一行。

float:left;(左浮动)使得指定元素脱离普通的文档流，可以使多个块元素在一行中显示。float 必须应用在块元素上，不应用于内嵌元素，应用了 float 的元素应被指定为块元素。正因为♯menu li 应用了 float:left;,所以原本应该在多行显示的 li 元素,在同一行中显示。

该导航条的设计要点是将 a 设为 block,并设置宽度、padding;li 设为 float;ul 设置 list-style-type:none。其他的设置,多是为了实现更加美观的视觉效果。

18.5　内容的设计

在进行内容设计的时候,表现的样式都在 CSS 中描述,只在内容中用 h1、h2、h3、h4、h5、h6、ul、ol、li、div、span 等标签标记内容。

进行内容的设计就是在做好布局的基础上完成一个个盒子的设计,标签+CSS 是简单内容的设计方式,如果想控制内容在盒子内的位置,可以在 CSS 中设置盒模型的 border、padding 和 margin;盒子之中也可以继续嵌套盒子。

【实例 18-2】

【实例描述】

实例 18-2 的显示效果如图 18-2 所示。本实例给出了网页边栏的一种设计方法,在这里,主要学习内容与样式相分离的思想,同时积累 DIV+CSS 的技巧。

图 18-2　sidebar 的设计

【实例分析】

- 实例可以在 Dreamweaver 中完成,建立内部 CSS 和外部 CSS 均可。
- 首先定义 CSS 样式,然后在网页中应用 CSS 样式,完成实例。
- 参考代码如下。

```
<html>
<head>
    <style type = "text/css">
        <!--
        # sidebar {
            width: 105px;
            background - color: #FFFFFF;
            border - left: 1px solid #000066;
            border - right:1px solid #000066;
            border - bottom:1px solid #000066;
        }
        # sidebar h1 {
            font - size: 12px;
            margin: 0px;
            padding: 5px;
            background - color: #FFFFCC;
            border - top: 1px solid #000066;
            border - bottom: 1px solid #000066;
        }
        # sidebar h2 {
```

```
                    font - size: 12px;
                    margin: 0px;
                    padding: 3px;
                    }
                    -->
            </style>
        <title>课程设置</title>
    </head>
    <body>
        <div id = "sidebar">
            <h1>网页设计与制作        </h1>
            <h2>HTML</h2>
            <h2>Dreamweaver</h2>
            <h2>CSS</h2>
            <h2>JavaScript</h2>
            <h1>Web Designer</h1>
        <h2>Fireworks</h2>
        <h2>Flash</h2>
        <h2>综合案例</h2>
            <h1>Web 界面设计</h1>
            <h2>切片</h2>
            <h2>滤镜</h2>
            <h2>蒙版</h2>
        </div>
    </body>
</html>
```

【实例说明】

可以看出，♯sidebar 没有设置上边框，h1 没有设置左右边框，这也是实现中的一些技巧。在 HTML 中只有基本标签和内容，显示的样式在 CSS 中定义。

【实例 18-3】

【实例描述】

实例 18-3 的显示效果如图 18-3 所示。

【实例分析】

• 实例可以在 Dreamweaver 中完成，建立内部 CSS 和外部 CSS 均可。

• 首先定义 CSS 样式，然后在网页中应用 CSS 样式，完成实例。

• 参考代码如下。

布局 CSS 代码

```
♯masthead{
    padding: 10px 0px 0px 0px;
    border - bottom: 1px solid ♯cccccc;
    width: 100 % ;
}
♯navBar{
    float: left;
    width: 20 % ;
    margin: 0px;
    padding: 0px;
```

图 18-3　完整页面示例

```
        background - color：#eeeeee；
        border - right：1px solid #cccccc；
        border - bottom：1px solid #cccccc；
}
#headlines{
        float：right；
        width：20%；
        border - left：1px solid #cccccc；
        border - bottom：1px solid #cccccc；
        padding - right：10px；
}
#content{
        float：left；
        width：55%；
}
```

masthead 和 navBar（部分）的内容设计

```
<div id = "masthead">
        <h1 id = "siteName">网页设计与制作</h1>
    <div id = "globalNav">
```

```
            <a href = " # ">HTML</a> | <a href = " # ">Dreamweaver</a> |
            <a href = " # ">CSS</a> | <a href = " # ">XHTML</a> |
            <a href = " # ">JavaScript</a> | <a href = " # ">Flash</a> |
            <a href = " # ">Photoshop</a>
        </div>
        <h2 id = "pageName">Web Developer 更新 最新版本 Web Developer 1.1.4</h2>
          <div id = "breadCrumb">
            <a href = " # ">网页设计与制作</a> / <a href = " # ">XHTML</a> /
          </div>
        </div>
    <div id = "navBar">
        <div id = "search">
          <form action = " # ">
            <label>搜索</label>
            <input name = "searchFor" type = "text" size = "10" />
            <input name = "goButton" type = "submit" value = "搜索" />
          </form>
        </div>
        <div id = "sectionLinks">
          <h3>XHTML</h3>
          <ul>
            <li><a href = " # ">基本原则</a></li>
            <li><a href = " # ">设计方法</a></li>
            <li><a href = " # ">列表菜单</a></li>
            <li><a href = " # ">文字内容</a></li>
            <li><a href = " # ">布局方法</a></li>
            <li><a href = " # ">酷站欣赏</a></li>
          </ul>
        </div>
```

18.6 Web Developer

Web Developer 是 FireFox 的一个插件,是一个优秀的网页调试、开发工具,可以在建立符合 Web 标准的网站、应用 XHTML 构建网站的过程中,进行开发和调试;另外,利用 Web Developer 可以很好地学习现有的网站,这也是提高基于 Web 标准的网页设计技术的重要手段。

Web Developer 可以对页面中的文本、图像、媒体文件进行控制,对网页所应用的 CSS 文件的 id 与 class 辅助查看和表格辅助查看等。Web Developer 能够帮助用户对 CSS 网站进行分析,使用 FireFox 对网页进行浏览,应用 Web Developer 插件不仅能看到网页的源代码,还能分析出页面的布局结构、CSS 书写方式、鼠标所在位置的 id 或 class 等,便于理解、学习现实网页的设计方法和技巧,提高 DIV+CSS 的设计水平。

1. Web Developer 的安装

Web Developer 是 FireFox 浏览器的插件,需要在安装完成 FireFox 之后,单独进行安装。

Web Developer 可以直接在 FireFox Add-ons 主页进行安装,即单击如图 18-4 所示的

【获取扩展】按钮,连接到 FireFox Add-ons 主页,搜索到 Web Developer 后,在浏览器上进行安装。另外也可以在下载完成 Web Developer 后,打开【工具】→【附加软件】→【扩展】(不同版本的 FireFox 略有不同),直接将下载的安装文件拖到如图 18-4 所示的窗口即可。还可以单击如图 18-4 所示的【获取扩展】,连接到 FireFox 插件下载的网页,搜索到 Web Developer,在浏览器上进行安装。

图 18-4　安装 Web Developer

安装后就会在菜单的【工具】中看到如图 18-5 所示的 Web Developer 的菜单项,Web Developer 的各种功能都可以在其中进行选择。

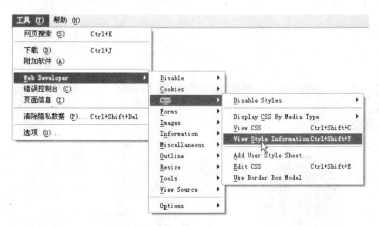

图 18-5　Web Developer 菜单项

2. Web Developer 主要功能

如图 18-5 所示,Web Developer 可以提供很多功能,最常用的功能就是 CSS 和 Information 工具组。

CSS 工具组提供了很多和 CSS 密切相关的功能,主要有下列工具:

- Disable Styles:禁用样式(可选定内部、外部和嵌入的 CSS 样式中的一种或多种),只显示页面内容。
- View CSS:直接查看 CSS,在新的标签页中显示当前页面的 CSS。

247

第 18 章

- View Style Information：查看样式信息，如图 18-6 所示，可以查看鼠标单击处的内容所使用的 CSS 样式，此功能可以非常清楚地看到 CSS 样式及其在网页中的显示效果，是学习现实中的基于 XHTML 的网页的最佳工具。在学习阶段，在有前面章节理论基础的情况下，结合本功能学习现实中网页的设计方法，模仿现实中网页的设计，是提高 DIV＋CSS 设计水平的很好的方法。

- Edit CSS：编辑 CSS，页面效果如图 18-7 所示，编辑后的 CSS 样式可以立即在 FireFox 中看到效果。

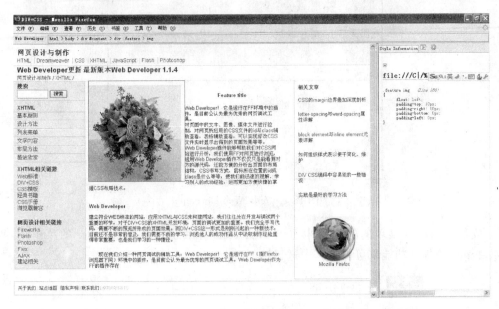

图 18-6　View CSS

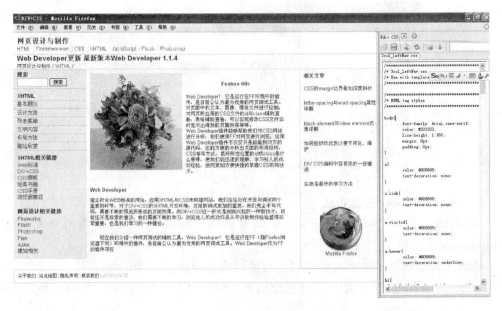

图 18-7　Edit CSS

Information 工具组提供网页的相关信息，方便网页学习、理解、开发和调试。
Information 工具组的功能菜单如图 18-8 所示，其常用功能如下：

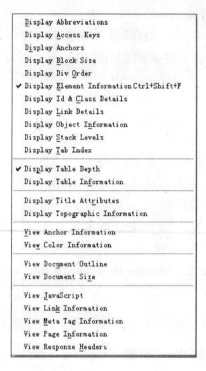

图 18-8　Information 工具组

* Display Block Size：显示块状对象的宽和高。
* Display Div Order：显示在 HTML 中 Div 的出现顺序，如图 18-9 所示。

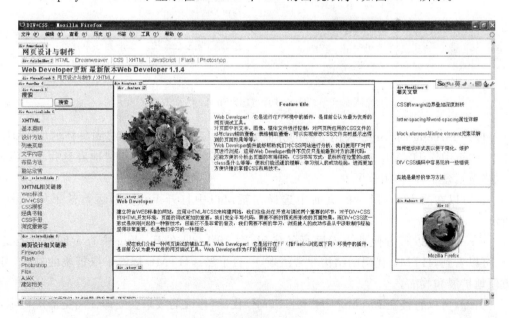

图 18-9　Display Div Order

- Display Element Information：显示元素信息，鼠标所单击的元素的信息会在浏览器上的一个浮动窗口中显示。
- Display Id & Class Details：显示 id 和 class 的细节。

Web Developer 还有很多其他非常实用的功能，读者可以在掌握上述基本功能之后进一步体会。

18.7　Firebug

Firebug 的中文名是萤火虫，它是 FireFox 的一款开发类插件。Firebug 可以非常方便地进行 HTML 查看和编辑、CSS 调试、JavaScript 调试等，它可以从各个不同的角度剖析网页，给 Web 开发者带来很大的便利。

Firebug 的安装方法和 Web Developer 的安装方法相同，安装完成 Firebug 后，可在如图 18-10 所示的页面中打开 Firebug。

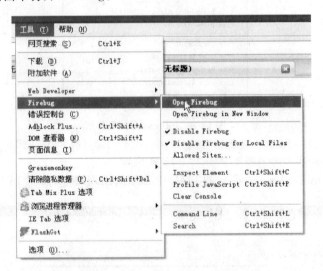

图 18-10　打开 Firebug

打开 Firebug 后 FireFox 浏览器的界面如图 18-11 所示，将鼠标移到具体的 HTML 标签上，网页中该 HTML 标签的作用范围就会有高亮颜色，可以很清楚地看到每个 HTML 标签（包括盒子）的作用范围。

也可以在图 18-10 所示的页面中选择在新窗口中打开 Firebug，运行效果如图 18-12 所示。

Firebug 可以很方便地查看网页的代码，图 18-13 是在 Firebug 中查看网页代码的例子，可以看到，HTML 代码的结构非常清晰，一目了然。HTML 标签采取折叠的方式，可以方便地扩展和收缩。

另外，可以直接在 Firebug 中修改 HTML 代码，修改的效果会立即在浏览器中显示，代码的修改与调试非常方便。

图 18-11　Firebug 运行界面

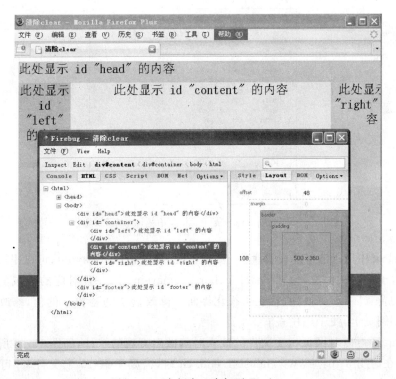

图 18-12　在新窗口中打开 Firebug

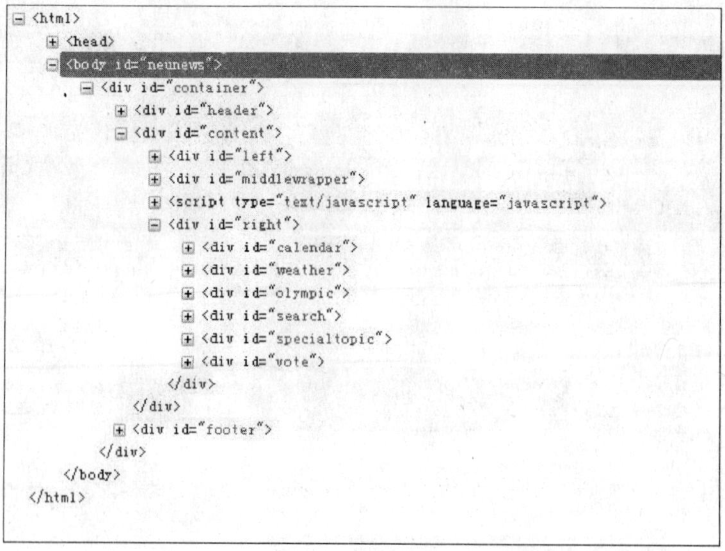

```
☐ <html>
    ⊞ <head>
    ☐ <body id="neunews">
        ☐ <div id="container">
            ⊞ <div id="header">
            ☐ <div id="content">
                ⊞ <div id="left">
                ⊞ <div id="middlewrapper">
                ⊞ <script type="text/javascript" language="javascript">
                ☐ <div id="right">
                    ⊞ <div id="calendar">
                    ⊞ <div id="weather">
                    ⊞ <div id="olympic">
                    ⊞ <div id="search">
                    ⊞ <div id="specialtopic">
                    ⊞ <div id="vote">
                </div>
            </div>
            ⊞ <div id="footer">
        </div>
    </body>
</html>
```

图 18-13　在 Firebug 中查看网页

在 Firebug 中可以方便地查看与修改 CSS,如图 18-14 所示。网页中的 CSS 可以方便地看到,并且能够在 Firebug 里直接修改 CSS,修改后的效果也会立即在浏览器中显示,对于 CSS 的调试非常方便。在图 18-14 中,可以将 font-size 由图中的 14 px 修改为 12 px,FireFox 浏览器中相应的超链接的字体会立即由原来的 14 px 变为修改后的 12 px,便于用户查看修改后的显示效果。

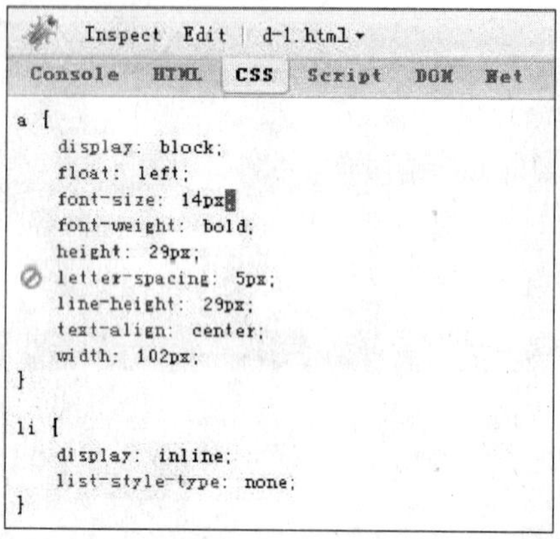

```
🪰 Inspect  Edit │ d-1.html ▾
Console  HTML  CSS  Script  DOM  Net
a {
    display: block;
    float: left;
    font-size: 14px;
    font-weight: bold;
    height: 29px;
 ⊘  letter-spacing: 5px;
    line-height: 29px;
    text-align: center;
    width: 102px;
}

li {
    display: inline;
    list-style-type: none;
}
```

图 18-14　在 Firebug 中修改 CSS

在 Firebug 中可以清楚地查看盒子,选择图 18-15 右下方的 Layout,可以很清楚、精确、直观地看到盒子的相关信息,包括 padding、border、margin 等,并且对应的区域也会在网页中加上特殊的背景颜色。可以直接在可视化界面中修改盒子的各要素的值,修改后的效果会立即反应到网页上,便于用户查看。

Firebug 还可以对网页相关文件的载入时间做出直观的统计,如图 18-16 所示。从图中可以看出,在访问 http://www.neusoft.edu.cn 时,需要下载 10 个文件,并可以清楚地看到各个文件的大小、下载起始时间、下载所消耗的时间等信息。如其中网站首页的下载耗时

250 ms,stat.php 文件的下载耗时 1.08 s。通过类似这样的功能,可以很容易找出网页速度的"瓶颈",提高网页浏览速度。

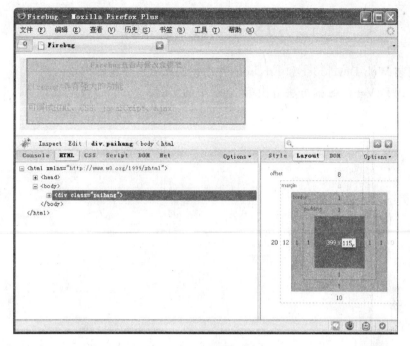

图 18-15　在 Firebug 中查看盒子

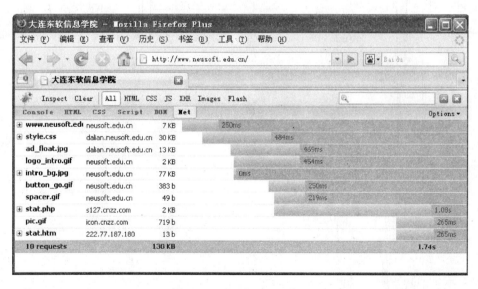

图 18-16　Firebug Net 窗口

　　Firebug 还可以方便地调试 JavaScript,查看 DOM。JavaScript 和 DOM 也是高级网页设计师应该具备的技能。

　　Web Developer 和 Firebug 都是功能非常强大的工具,它们的部分功能是重复的。从某种角度看,Firebug 可以从代码更清楚地看懂网页,Web Developer 可以从网页更清楚地看懂代码。利用这两种工具可以方便地学习现实中的网页的设计,有效提高网页设计水平,并能够在开发过程中大大提高开发效率。

18.8 习　　题

1. 安装 Web Developer 和 Firebug,并用它们来分析你经常浏览的网页。
2. 应用 DIV+CSS 的方法重构第 10 章中的实例。

第 四 篇

提 高 篇

本篇从总体上对网页设计与制作的技术进行扩展和深入,主要介绍 JavaScript、WWW 服务器和切片技术。JavaScript 是在现实中广泛采用的客户端网页的脚本语言,是网页设计的重要组成部分,可以扩展网页的功能,增强网页的特效;WWW 服务器部分主要介绍 IIS 和 Apache 两种现实中广泛应用的 WWW 服务器软件,并介绍在 Dreamweaver 中建立远程站点的方法和 FTP 的概念,主要是从应用的角度对网页的相关技术进行阐述;切片技术是现实中设计网页的规范方法,学习切片技术可以明确网页设计的总体规划,理解网页制作的完整过程,掌握网页的整体的制作技巧。

本篇主要内容包括:

- JavaScript
- WWW 服务器
- 切片

JavaScript

通过本章的学习,掌握 JavaScript 的基本编程思想,掌握基本的语法及应用,熟悉常用的变量定义、语法结构、事件以及在页面中的应用方式,掌握几种常用的技巧。

核心要点
- 基本语法
- 表单校验
- 事件响应
- 使用技巧

JavaScript 是由 Netscape 公司开发、以对象事件驱动为基础、运用于多种页面文件中的编程语言。JavaScript 的开发环境简单,不需要计算机语言编译器,可以直接运行在多种网页浏览器中。JavaScript 以其实时的、动态的、可交互式的能力,使 Web 界面操作起来更加灵活,从而超越了信息和用户之间的显示和浏览关系。

19.1 JavaScript 基础

JavaScript 是一种基于事件驱动(Event Driven)和对象(Object)的,并具有可靠安全性能的脚本语言。它可以与超文本标记语言(HTML)、Java 小程序或者 JSP、ASP、PHP 等 Web 开发语言一起实现在一个 Web 页面中与 Web 客户交互作用、处理多个对象,从而灵活开发客户端的各种应用程序。在实际应用中,JavaScript 分为嵌入和外部调入两种使用方式,具有以下几个基本特点:

1. 脚本编写语言

JavaScript 作为一种脚本语言,采用特殊的程序片段实现编程。如同其他脚本语言一样,JavaScript 也是一种解释性语言,通过客户端浏览器解释,同时提供了一个简单的开发过程。

2. 基于对象的语言

JavaScript 是一种基于对象的语言,也可以看做是一种类似面向对象的语言,这意味着该脚本语言中能运用已有或已经创建的对象。因此,通常运用脚本环境中自带的对象调用相关方法和脚本语言协作来完成许多功能。

3. 简单性

JavaScript 的简单性主要体现在以下两个方面:首先它是一种类似于 Java 基本语句和

基本控制流的简单紧凑的设计语言；其次它是采用弱类型的变量类型，并未使用严格的数据类型。

4. 安全性

JavaScript 是一种安全性较强的语言，它不允许访问本地的磁盘，不允许将数据存入服务器上，不允许操作网络文档（如进行修改和删除），只能通过各种浏览器进行信息浏览或动态交互的实现，从而有效地防止数据的丢失。

5. 动态性

JavaScript 是动态的，它可以直接对用户或客户输入做出响应，无须经过 Web 服务程序。它对用户的响应，是采用以事件驱动的方式进行的。

6. 跨平台性

JavaScript 依赖于浏览器本身，与操作系统无关，只要能运行浏览器的计算机和支持 JavaScript 的浏览器就可正确执行。

19.1.1 语法

JavaScript 脚本语言同其他语言一样，有它自身的基本数据类型、表达式和算术运算符以及程序的基本框架结构。JavaScript 提供了 4 种基本的数据类型用来处理数字和文字，变量提供存放信息的地方，表达式可以完成较复杂的信息处理。

1. 基本数据类型

在 JavaScript 中 4 种基本的数据类型：数值（整数和实数）、字符串型、布尔型（True 或 False）和空值。在 JavaScript 的基本类型中，数据可以是常量，也可以是变量。由于 JavaScript 采用弱类型的形式，因而一个数据的变量或常量不必首先声明，而是在使用或赋值时确定其数据的类型。当然也可以先声明该数据的类型。

2. 变量的命名

变量的主要作用是存取数据、提供存放信息的容器。对于变量必须明确变量的命名、变量的类型、变量的声明及其变量的作用域。

JavaScript 中的变量命名同其他计算机语言非常相似，这里要注意以下几点：

- 必须是一个有效的变量，即变量以字母开头，中间可以出现数字如 test1、text2 等。除下划线"_"作为连字符外，变量名称不能有特殊字符。
- 不能使用 JavaScript 中的关键字作为变量。在 JavaScript 中定义了 40 多个关键字，这些关键字是 JavaScript 内部使用的，不能作为变量的名称，如 Var、int、double、true。
- 在对变量命名时，最好把变量的意义与其代表的意思对应起来，以免出现错误。

3. 变量的类型

定义一个 mytest 变量：var mytest;

定义一个 mytest 变量，同时赋予了它的值：Var mytest="This is a book";

在 JavaScript 中，变量可以不做声明，而在使用时再根据数据的类型来确定其变量的类型，例子如下：

```
x = 100
y = "125"
```

```
xy = True
cost = 19.5
```

其中 x 为整数，y 为字符串，xy 为布尔型，cost 为数值型。

在 JavaScript 中有全局变量和局部变量两类变量。全局变量是定义在所有函数体之外，其作用范围是整个程序；局部变量是定义在函数体之内，只对该函数是可见的，对其他函数则是不可见的。

4. 常量

常量是在程序执行过程中值保持不变的变量。

5. 表达式

在定义完变量后，就可以对它们进行赋值、改变、计算等一系列操作，一般通过表达式来完成，可以说表达式是变量、常量、布尔及运算符的集合，因此表达式可以分为算术表达式、字串表达式、赋值表达式及布尔表达式等。

6. 函数

通常在进行一个复杂的程序设计时，总是将所要完成的复杂功能划分为一些相对独立的部分，每个部分编写一个函数，使它们充分独立、任务单一、程序清晰、易懂易读易维护。然后根据需要来组合这些函数完成最终的功能。函数的定义形式如下：

```
Function 函数名(参数,变元){
函数体；
Return 表达式；
}
```

【实例 19-1】

【实例描述】

在函数的定义中，我们看到函数名后有参数表，这些参数变量可能是一个或几个，那么怎样才能确定参数变量的个数呢？在 JavaScript 中可通过 arguments.Length 来检查参数的个数。

【实例分析】

```
function functionName(exp1,exp2,exp3,exp4){
    num = functionName.arguments.length;
    if(num>1)
    document.write(exp2);
    if(num>2)
    document.write(exp3);
    if(num>3)
    document.write(exp4);
}
```

【实例说明】

(1) function：定义函数的关键字。

(2) functionName：该函数的名字。

(3) exp1、exp2、exp3、exp4 分别为四个参数。

(4) arguments：保存函数参数的内建对象。

（5）arguments. length：保存函数参数的个数。

（6）if：条件语句的关键字。

（7）（num＞1）：条件语句的条件表达式。

（8）document：是所有 HTML 相关对象的容器，也是对象，通过该对象可以获得其他对象。

（9）document. write(exp2)：在文档中写入一个 exp2 的内容。

（10）num：已经定义的一个变量。

【注意事项】

（1）函数的参数不需要进行类型声明。

（2）document 对象非常重要，所有动作都发生在该对象内。

（3）函数不需要返回值类型。

【常见错误】

函数的定义容易和 Java 中方法的定义混淆。

7. 注释

注释是指在程序编译和运行时被忽略的部分。在 JavaScript 中的注释有两种，单行注释和多行注释。其中，单行注释用双反斜杠"//"表示，如果一行代码出现"//"，则"//"后面的部分将被忽略；多行注释是用"/ ＊"和"＊ /"来把一行到多行文字括起来，程序执行到"/ ＊"处，将会忽略后面出现的所有文字，直到出现"＊ /"为止。

19.1.2　运算符

运算符是完成操作的一系列符号。JavaScript 中的算术运算符有＋、－、＊、/等；比较运算符有！＝、＝＝等；逻辑布尔运算符有！（取反）、|、||等；字符串运算符有＋、＋＝等。

1. 算术运算符

双目运算符：＋（加）、－（减）、＊（乘）、/（除）、%（取模）、|（按位或）、&（按位与）、<<（左移）、>>（右移）、>>>（右移，零填充）。

单目运算符：！（取反）、~（取补）、＋＋（递加 1）、－－（递减 1）。

2. 比较运算符

有 6 个比较运算符：<（小于）、>（大于）、<=（小于等于）、>=（大于等于）、==（等于）、!=（不等于）。

3. 布尔逻辑运算符

包括！（取反）、& ＝（与之后赋值）、&（逻辑与）、| ＝（或之后赋值）、|（逻辑或）、^=（异或之后赋值）、^（逻辑异或）、?:（三目操作符）、||（或）、==（等于）、!=（不等于）。

其中三目操作符主要格式为：操作数？结果 1：结果 2。

若操作数的结果为真，则表达式的结果为结果 1，否则为结果 2。

19.1.3　控制和循环语句

在任何一种语言中，程序控制流是必需的，它能使得整个程序减少混乱，增强程序功能。下面是 JavaScript 常用的程序控制流结构及语句。

1. if 条件语句

```
if(表达式)
    语句段 1;
    …
Else
    语句段 2;
    …
```

功能：若表达式为 true，则执行语句段 1；否则执行语句段 2。

2. for 循环语句

```
for(初始化；条件；增量)
    语句集；
```

功能：实现条件循环，当条件成立时，执行语句集，否则跳出循环体。

3. while 循环

```
while(条件)
语句集；
```

功能：该语句与 for 语句一样，当条件为真时，重复循环，否则退出循环。

4. break 和 continue 语句

与 C++语言相同，使用 break 语句可以使循环从 for 或 while 中跳出，continue 可以跳过循环内剩余的语句而进入下一次循环。

【实例 19-2】

【实例描述】

本实例实现了一个跑马灯的效果。采用循环修改窗口状态栏显示字符串内容的方式，实现文字滚动效果。

【实例分析】

```
<html><head>
<script Language = "JavaScript">
  var showMsg = "这个案例使用 JavaScript 实现了跑马灯的效果";
  var inter = 100;
  var spacelen = 120;
  var space10 = " ";var seq = 0;
  function scroll() {
    len = showMsg.length;
    window.status = showMsg.substring(0,seq + 1);
    seq ++ ;
    if(seq >= len) {
      seq = spacelen;
      window.setTimeout("scroll2();",inter);
    }else
      window.setTimeout("scroll();",inter);
    }
  function scroll2() {
    var out = "";
    for(i=1; i<= spacelen/space10.length; i ++)
    out + = space10;
```

```
        out = out + showMsg;
        len = out.length;
        window.status = out.substring(seq,len);
        seq ++ ;
        if(seq >= len) { seq = 0; };
        window.setTimeout("scroll2();",inter);
      }
      scroll();
</script><body></body></html>
```

【实例说明】

（1）<script Language="JavaScript">…</script>：这一对标签中书写的是 JavaScript 脚本。

（2）var showMsg：变量定义。

（3）showMsg.length：获取字符串 showMsg 的长度。

（4）showMsg.substring(0,seq+1)：获取字符串 showMsg 的子字符串。

（5）window.setTimeout("scroll();",inter)：window 对象的 setTimeout 方法设定函数 scroll()被调用之前需要经历 inter 长的时间段。

（6）window.status：window 对象的 status 属性用来保存窗口中状态栏的内容。

（7）for()：条件循环语句，用来循环生成要显示的内容。

【注意事项】

（1）变量定义时，只有关键字 var 没有变量类型的声明，变量的类型通过所赋值的类型来决定。

（2）window 对象的 setTimeout 方法的第一个参数是将要调用的函数，第二个参数是函数被调用前的时间。

【小技巧】

通过设置 setTimeout 方法的第二个参数值来控制文字滚动的速度。

【常见错误】

字符串对象在调用 subString 方法时，subString 方法的参数错误。

19.2　表　单　校　验

19.2.1　客户输入的有效性校验

表单的有效性检验是 JavaScript 一个很有用的方面。它可以用于检查一个给定的表单以及发现表单中的任何问题，例如一个空白的输入框或者一个无效的 E-mail（电子邮件）地址，然后它可以将错误通知用户，这些检查是由客户端浏览器完成的，不需要与服务器交互，大大节省了用户响应时间。除此以外，对表单标签的一些修改跟其他类型的脚本是类似的。

【实例 19-3】

【实例描述】

以下实例是一个简单的表单，可以在文本输入框中输入用户名和一个电子邮件地址。当用户名没有输入或输入的电子邮件地址不正确（如没有@符号）即发生输入错误，下面的

JavaScript 代码对错误进行校验。

首先,formCheck()函数判断是否用户名字输入为空,如果为空,它将警告用户并返回 false;接着 formCheck()函数判断输入的 E-mail 地址是否出错(不包含@符号或者为空)。以上的任何一种错误存在都不会将表单发送给服务器,只有正确填写整个表单之后才将它发送给服务器。

【实例分析】

```
<script language = "JavaScript">
function formCheck(){
  if(document.theForm.user_name.value == ""){
    alert("Please put in a name.");
    return false;
  }
  if(document.theForm.email.value.indexOf("@") == -1 ||
    document.theForm.email.value == "") {
    alert("Please include a proper email address.");
    return false;
  }
}
</script>
<form name = "theForm" action = "mailto:" method = "post"
enctype = "multipart/form-data" onSubmit = "return formCheck()">
<input type = text name = user_name>
<input type = text name = email>
<input type = submit value = "单击看效果"/>
</form>
```

【实例说明】

(1) action:是 form 表单的属性,主要负责表单提交后的页面去向。

(2) enctype:作为 form 表单的属性,主要用于在表单提交时对数据的加密。

(3) onSubmit:作为 form 表单的属性,主要用于表单的提交中所涉及的相关处理。

(4) formCheck():是用于检查表单中是否有错误的函数。

(5) document.theForm.email.value.indexOf("@"):匹配 email 输入框中的@字符,如果找不到则返回-1。

(6) alert():弹出提示框的方法。

【注意事项】

(1) 在 HTML 中调用 JavaScript 函数时,直接调用。

(2) 可以通过 JavaScript 的语句调用 Web 页面的各个元素以及属性。

【小技巧】

可以通过写 JavaScript 函数进行严格的校验来判断 E-mail 地址的正确格式。

【常见错误】

JavaScript 函数不需要返回值类型,但是可以通过 return 关键字返回所需的结果。

19.2.2 创建可重用的校验代码

1. 检查输入字符串是否为空或者全部都是空格

```
function isNull(str){                          //输入 str
```

```
                if(str == "") return true;
                var regu = "^[ ] + $ ";
                var re = new RegExp(regu);
                return re.test(str);                    //返回：如果全是空返回 true,否则返回 false
        }
```

2. 检查输入对象的值是否符合整数格式

```
function isInteger(str){                         //str 输入的字符串
        var regu = /^[ - ]{0,1}[0 - 9]{1,} $ /;
        return regu.test(str);                   //如果通过验证返回 true,否则返回 false
}
```

3. 检查输入手机号码是否正确

```
function checkMobile(s){                         //输入 s 字符串
        var regu = /^[1][3][0 - 9]{9} $ /;
        var re = new RegExp(regu);
        if(re.test(s)) {
        return true;
        }else{
        return false;
        }                                        //如果通过验证返回 true,否则返回 false
}
```

4. 检查输入对象的值是否符合 E-mail 格式

```
function isEmail(str){                           //输入 str 的字符串
        var myReg = /^[ - _A - Za - z0 - 9] + @([_A - Za - z0 - 9] + \.) + [A - Za - z0 - 9]{2,3} $ /;
        if(myReg.test(str)) return true;
        return false;
}                                                //返回：如果通过验证返回 true,否则返回 false
```

5. 检查输入字符串是否只由英文字母、数字和下划线组成

```
 function isNumberOr_Letter(s){                  //输入 s 字符串
        var regu = "^[0 - 9a - zA - Z\_] + $ ";
        var re = new RegExp(regu);
        if(re.test(s)) {
        return true;
        }else{
        return false;
        }                                        //如果通过验证返回 true,否则返回 false
 }
```

6. 检查日期格式

【实例 19-4】

【实例描述】

该实例是运用函数实现按照规定格式检查日期是否合法的功能。其中 isDate 函数是按照给出的日期和格式进行判断；getMaxDay 函数是对每月的天数进行判断；isNumber 函数是检验字符串是否为数字字符串。

【实例分析】

```
function isDate(date,fmt) {                      //输入：date：日期；fmt：日期格式
```

```
        if(fmt == null) fmt = "yyyyMMDD";
        var yIndex = fmt.indexOf("yyyy");
        if(yIndex == −1) return false;
        var year = date.substring(yIndex,yIndex + 4);
        var mIndex = fmt.indexOf("MM");
        if(mIndex == −1) return false;
        var month = date.substring(mIndex,mIndex + 2);
        var dIndex = fmt.indexOf("DD");
        if(dIndex == −1) return false;
        var day = date.substring(dIndex,dIndex + 2);
        if(! isNumber(year)||year> "2100" || year< "1800") return false;
        if(! isNumber(month)||month> "12" || month< "01") return false;
        if(day>getMaxDay(year,month) || day< "01") return false;
        return true;
    }                                           //返回：如果通过验证返回 true,否则返回 false
function getMaxDay(year,month) {
        if(month == 4||month == 6||month == 9||month == 11)
        return "30";
        if(month == 2)
        if(year % 4 == 0&&year % 100! = 0 || year % 400 == 0)
        return "29";
        else
        return "28";
        return "31";
    }
function isNumber(str){
    var numLength = str.length;
    var aChar,j;
    for(var i = 0; i ! = numLength; i ++ ){
        aChar = str.substring(i,i + 1);
        if(aChar < "0" || aChar > "9"){
            return false;
        }
    }
    return true;
    }
```

【实例说明】

（1）fmt＝"yyyyMMDD"：默认日期格式字符串,也可以根据需要输入适合自己的日期格式。

（2）fmt.indexOf("yyyy")：找出日期格式中"年"出现的位置。

（3）date.substring(yIndex,yIndex＋4)：从日期中"年"出现的位置开始取出 4 个长度的字串。

（4）本实例识别的年限是从 1800 年到 2100 年。

（5）str.length：获得字符串 str 的长度。

（6）对于数字字符串的判断是通过判断字符串中每一个字符是否为数字进行的。

【注意事项】

（1）在日期判断过程中,日期的格式是判断日期合法与否的重要条件。

(2) JavaScript 中对象、属性以及方法与 Java 中许多用法相同。

【小技巧】

根据需要可以灵活设置日期格式。

【常见错误】

按照日期格式在日期字符串中取字符串时,经常会不能取出自己想要的结果。

19.3　事件响应

19.3.1　事件处理的基本概念

事件是浏览器响应用户交互操作的一种机制,JavaScript 的事件处理机制可以改变浏览器响应用户操作的方式,这样就开发出具有交互性,并易于使用的网页。

浏览器为了响应某个事件而进行的处理过程,称为事件处理。事件定义了用户与页面交互时产生的各种操作,如单击超链接或按钮时,就会产生一个单击(onclick)操作事件。浏览器在程序运行的大部分时间都在等待交互事件的发生,并在事件发生时,自动调用事件处理函数,完成事件处理过程。

事件不仅可以在用户交互过程中产生,浏览器自己的一些动作也可以产生事件,如载入一个页面时,发生 onload 事件。归纳起来,必须使用的事件有三大类:

- 引起页面之间跳转的事件,主要是超链接事件。
- 事件浏览器自己引起的事件。
- 事件在表单内部与界面对象的交互。

19.3.2　JavaScript 事件处理器

1. onblur 事件

当一个对象失去焦点时,blur 事件被触发。

```
<input type = text name = username onBlur = "if(this.value == ''){
alert('you must input a value!');this.focus();}">
```

2. onchange 事件

发生在文本输入区的内容被更改,然后焦点从文本输入区移走之后。捕捉此事件主要用于实时检测输入的有效性,或者立刻改变文档内容。

```
<input type = text name = username onChange = "if(this.value == ''){
alert('you must input a value!');this.focus();}">
```

3. onclick 事件

发生在对象被单击的时候。单击是指鼠标停留在对象上,按下鼠标键,没有移动鼠标而放开鼠标键这一个完整的过程。

```
<input type = button name = trying onclick = "alert('hello word!')">
```

4. onfocus 事件

发生在一个对象得到焦点的时候。

```
<textarea name = lookfor rows = 3 cols = 36
onFocus = "alert('haha,It is me!')">
```

5. onload 事件

发生在文档全部下载完毕的时候。全部下载完毕是指 HTML 文件及所包含的图片、插件、控件、小程序等全部内容都下载完毕。本事件是 window 事件,但在 HTML 中指定事件处理程序时,需要将它写在<body>标记中。

```
<body onLoad = "checkUserID()">
```

6. onmouseover 事件

发生在鼠标进入对象范围的时候。这个事件和 onmouseout 事件,再加上图片的预读,就可以实现当鼠标移到图像链接上,图像更改效果了。有时鼠标指向一个链接时,状态栏上不显示地址,而显示其他的文字,看起来这些文字是可以随时更改的,可以通过以下的语句来实现。

```
<a href = "…" onmouseover = "window.status = 'Click Me Please!';
return true;" onmouseout = "window.status = ''; return true;">
```

7. onmouseout 事件

发生在鼠标离开对象的时候,参考 onmouseover 事件。

19.3.3 出错处理

1. onerror 事件处理函数

onerror 是第一个用来协助 JavaScript 处理错误的机制。当页面上出现异常时,该事件便在 window 对象上触发。

【实例 19-5】

【实例描述】

该实例是进行页面异常处理的一种方式。当一个页面打开时会触发 body 标签中的 onload 事件。如果用了该事件属性,通常就会指定一个处理函数,因此当页面打开时会自动调用这种处理函数,但是如果找不到这种函数就会触发一个页面异常。

【实例分析】

```
<html>

<head>
<title>页面出错例子</title>
<script type = "text/javascript">
    window.onerror = function(){
        alert("发生错误!");
    }
</script>
</head>
<body onload = "theFunction()"> </body>
</html>
```

【实例说明】

(1) window.onerror=function():window 对象的 onerror 事件,可以通过这种方式定

义触发该事件时处理的具体方式。

（2）onload：是 body 标签的事件属性，当页面载入时触发该事件，从而调用自定义的各种事件处理方式。

【小技巧】

（1）经常使用于在页面载入时所需要的各种效果中。

（2）在浏览器上隐藏载入时弹出框时，只需 onerror 方法返回一个 true 即可。

```
<script type = "text/javascript">
    window.onerror = function(){
        alert("发生错误!");
        return true;
    }
</script>
```

2. 取出错误信息

通常 onerror 处理函数提供了三个参数信息来确定错误确切的性质：

（1）错误信息：对于给定错误，浏览器会显示同样的信息。

（2）URL：在哪个文件中发生了错误。

（3）行号：给定 URL 中发生错误的行号。

访问方法见如下例子：

```
<script type = "text/javascript">
window.onerror = function(errorMessage,errorUrl,errorLine){
    alert("发生错误!
\n" + errorMessage + "\nURL:" + errorUrl + "\nLine Number:" + errorLine);
    return true;
}
</script>
```

3. 处理语法错误

onerror 还能处理语法错误。但有一点必须注意，事件处理函数必须是页面中第一个出现的代码，因为如果语法错误出现在设置事件处理函数之前，事件处理函数就不起作用了。

值得注意的是，语法错误会完全停止代码的执行。

4. try…catch 语句

```
try{
window.openFile1();
    alert("成功调用 openFile1 方法");
}catch(exception){
    alert("发生异常!");
}finally{
    alert("try…catch 测试结束!");
}
```

19.3.4　图像装入出错处理

window 对象并非唯一支持 onerror 事件处理函数的对象，onerror 事件对图像对象也提供支持。当一个图像由于文件不存在等原因未能成功载入时，该事件便在这个图像上触发。

【实例描述】

上一个实例直接在 HTML 中分配 onerror 事件具体的处理函数,而本例通过脚本对事件处理函数进行分配,在设置图像的 src 特性之前,必须等待页面完全载入。

【实例分析】

```
<html>
<head>
<title> Image 错误测试</title>
<script type = "text/javascript">
    function handleLoad(){
        document.images[0].onerror = function(){
            alert("载入图片时发生错误!");
        };
        document.images[0].src = "amigo.jpg";
    }
</script>
</head>
<body onload = " handleLoad()">
    <img/>
</body>
</html>
```

【实例说明】

(1) document.images[0]:通过文档对象获得页面中的第一个图片对象,此处 images 是一个对象数组,用来存放页面中的图片对象。

(2) document.images[0].onerror=function():用来定义第一个对象的 onerror 事件函数。

(3) document.images[0].src:用来定义第一个图片文件的位置。

【注意事项】

(1) images 数组是一个内建的数组对象,不是自定义的。

(2) 图片对象的 src 属性值可以是相对路径,也可以是绝对路径。

【小技巧】

JavaScript 脚本可以通过 images 数组对象控制页面中的图片属性。

【常见错误】

如果页面中有多张图片,在使用 images 数组对象进行引用时,默认是按照页面源码中 img 标签的先后顺序进行。

19.3.5 计数器事件

【实例 19-7】

【实例描述】

本例在页面上设置了一个倒计时器,通过定义倒计时的时间数,动态显示时间的变化或者人为单击终止计时器。

【实例分析】

```
<script Language = "JavaScript">

    var seconds = 10;
    var handle;
    function startTimer() {
        handle = setInterval("timer()",1000);
    }
    function stopTimer() {
        clearInterval(handle);
        seconds = 10;
        document.all. displayLayer. innerHTML = "10 秒钟倒计时完成";
    }
    function timer() {
        seconds - = 1;
        document.all. displayLayer. innerHTML = "您还有
        <font color = 'red'>"
        seconds + "</font> 秒";
        if(seconds == 0) {
            stopTimer();
        }
    }
</script>
```

【实例说明】

(1) seconds：用来记录计数器时间。

(2) handle：用来保存事件的句柄,该事件是通过 setInterval 函数实现每隔 1 秒调用 timer 函数来完成所需功能。

(3) clearInterval 函数：用来结束间隔触发事件。

(4) document.all. displayLayer. innerHTML：用于设置 displayLayer 标签下的所有子标签或内容。

【注意事项】

(1) innerHTML 属性：用来描述某一标签下的所有 html 内容,如 body、div 等。在使用时要与 innerTEXT 属性分开。

(2) 正确理解 setInterval 和 clearInterval 两个函数的作用以及它们参数的含义。

【小技巧】

可以在网站首页上设置页面倒计时功能,当页面展示一段时间后跳转到相关页面。

19.4　JavaScript 的使用技巧

19.4.1　浏览器版本检测

1. 检测浏览器的名称

不同的浏览器对 JavaScript 标准和 CSS 的支持也不同,如果希望网页能够在不同的浏览器上均能运行良好,就需要对浏览器进行检测,确定浏览器名称,以针对不同的浏览器编写相应的脚本。使用 navigator 对象的 appName 属性能够实现这一功能。

例如,要检测浏览器是否为 IE,可以这么操作:

```
var isIE = (navigator.appName == "Microsoft Internet Explorer");
document.write("is IE" + isIE);
```

对于 FireFox, navigator 对象的 appName 属性值为" Netscape"; Opera9.02 的 appName 属性值为"Opera"(其更早版本可能不同)。

2. 检测浏览器的版本号

在实际使用过程中,不同的浏览器或者同一种浏览器的不同版本所支持的脚本特性都有一些差别。有时候会针对不同的浏览器或版本编写相应的脚本。

【实例 19-8】

【实例描述】

本实例是通过解析 navigator 对象的 userAgent 属性用来获得浏览器的完整版本号。有了浏览器的版本号就可以根据需要执行相关特征脚本。

【实例分析】

```
function getIEVersonNumber(){

    var uao = navigator.userAgent;
    var msOffset = uao.indexOf("MSIE ");
    if(msOffset < 0){
        return 0;
    }
    return parseFloat(uao.substring(msOffset + 5,
    uao.indexOf(";",msOffset)));

}
```

【实例说明】

(1) navigator.userAgent:navigator 是 JavaScript 的内建对象,所以直接应用该对象的属性 userAgent 中所保存的浏览器完整版本号。

(2) uao.indexOf("MSIE "):返回 uao 中所保存的字符串的子串"MSIE "出现的位置。

(3) parseFloat:用来把字符串解析成数字。

(4) uao.indexOf(";",msOffset):用来完成从 uao 字符串中的 msOffset 位置开始找";"第一次出现的位置。

【注意事项】

可以通过 JavaScript 内建对象的属性获得浏览器的完整版本号,但不同种类的浏览器版本号中的关键字也不一样。因此在判断版本时根据浏览器的不同,给出的判断关键字也不一样,本实例只是给出了 IE 浏览器的版本号来判断。

【小技巧】

通过判断浏览器的版本号,可以使用不同版本的特征脚本。

19.4.2 实现浏览器上的右键菜单

要解决自定义右键菜单的关键问题是在怎样的情况下鼠标右击不会出现 IE 的右键菜单。有两种思路可以实现:一种是将焦点移开;另一种是将鼠标点在网页任何地方都不出现右键菜单,但会响应鼠标单击消息。

【实例 19-9】

【实例描述】

本实例首先定义了事件触发时要调用的函数,在函数中实现了相关功能;其次为 document 对象的事件属性指定已定义的函数来实现浏览器上右键菜单功能。

【实例分析】

```html
<html>

<title>右键菜单功能的实现</title>
<script>
    var x,y;
    document.onmousemove = myMoveMouse;
    document.onmousedown = myClick;
    function myMoveMouse(){
        Layer1.style.left = event.clientX - 2;
        Layer1.style.top = event.clientY - 2;
    }
    function myClick(){
        if(event.button == 2){
            x = event.clientX; y = event.clientY;
            Layer1.style.visibility = "";
            window.setTimeout("showMenu();",500);
        }else{
            HiddenPop(); PopMenu.style.visibility = 'hidden';
        }
    }
    function showMenu(){
        PopMenu.style.left = x - 2; PopMenu.style.top = y - 2;
        PopMenu.style.visibility = ""; HiddenPop();
    }
    function HiddenPop(){
        Layer1.style.visibility = 'hidden';
    }
</script>
<body> 单击右键试试有什么变化:
<div id = Layer1 style = "position:absolute; width:4px;
height:4px; z - index:3; visibility: hidden">
<select style = "width:4"></select>
</div>
<div id = PopMenu style = "position:absolute; width:100px; height:100px; z - index:1; visibility:
hidden">
<table border = 2 width = 100 >
<th align = "center" color = "sliver" onclick = ""> 我变了! </th>
<tr> < td>单击这儿! </td> </tr>
</table> </div>
</body>
</html>
```

【实例说明】

(1) document.onmousemove=myMoveMouse:为 document 对象的 onmousemove 事

件属性指定一个触发时要调用的函数 myMoveMouse。

（2）event. clientX：通过 JavaScript 的 event 事件对象获得客户端鼠标当前 x 轴位置。

（3）event. button：当鼠标单击事件发生时，不同按键对应的编号保存在 event 对象的属性 button 中。如左键是 1；右键是 2。

（4）window. setTimeout("showMenu();",500)：用于设置 showMenu 函数在 500 毫秒后调用。

（5）PopMenu. style. visibility：设置 PopMenu 层的可见与否。

【注意事项】

（1）为 document 对象的事件 onmousemove 和 onmousedown 属性定义正确的处理函数。

（2）正确识别鼠标按键的事件编号。

（3）运用 JavaScript 对层进行控制时，根据功能需要进行适当的隐藏和显示。

【小技巧】

通过在层中丰富表格的内容和样式，用户可以得到更加丰富的弹出菜单。

【常见错误】

由于弹出菜单函数调用的时间延迟不合理导致浏览器的原有右键菜单不能屏蔽。

19.4.3 制作浮动广告的"飞舞"特效

浮动广告是页面上应用较为广泛的效果之一，通常使用 JavaScript 编写代码实现。目前网上也有一些用于制作特效的工具，按提示把代码粘贴到相应的位置就可以了。不过，想要真正了解它是如何运用 JavaScript 写出来的，则需要掌握一些基础知识。下面是一个简单的浮动广告实例。

【实例 19-10】

【实例描述】

本实例实现当网页打开时出现一个浮动广告图片，图片从最上端移动到设定位置的过程。可以通过设置 x、y 的值来设定图片层最终所移动到的位置，同时通过改变 setTimeout ("MoveLayer('AdvLayer');",1000)中 1000 的值来得到所希望调用 MoveLayer() 的时间间隔。

【实例分析】

```
<html>
<title>浮动广告</title>
<head>
<script language = "JavaScript" >
<! --
function initAdv() {
document. all. AdvLayer. style. posTop = - 200;
document. all. AdvLayer. style. visibility = 'visible';
MoveLayer('AdvLayer');
}
function MoveLayer(layerName) {
var x = 600;
var y = 300;
var diff = (document. body. scrollTop + y - document. all. AdvLayer. style. posTop) * .60;
```

```
var y = document.body.scrollTop + y - diff;
eval("document.all." + layerName + ".style.posTop = y");
eval("document.all." + layerName + ".style.posLeft = x");
setTimeout("MoveLayer('AdvLayer');",1000);
}
//-->
</script>
</head>
<body onload = initAdv()>
<div id = AdvLayer style = 'position: absolute; width: 61px; height: 59px; z - index: 20;
visibility:hidden;; left: 600px; top: 300px'>
<a href = "http://www.sina.com.cn" >
<img src = 'images/fd1.gif' border = "0" height = "60" width = "60">
</a>
</div>
</body>
</html>
```

【实例说明】

(1) document.all.AdvLayer.style.posTop：设置 onload 事件激发以后，AdvLayer 广告层相对于固定后的 y 方向位置。

(2) document.all.AdvLayer.style.visibility：设置 AdvLayer 层为可见。

(3) var x = 600：设置浮动广告层最终固定于浏览器的 x 方向位置。

(4) var y = 300：设置浮动广告层最终固定于浏览器的 y 方向位置。

(5) eval 函数：用于在 x、y 轴方向移动层。

(6) setTimeout("MoveLayer('AdvLayer');",1000)：用于设置 1 秒后再调用函数 MoveLayer()。

(7) style 属性：用于定义组件的样式表。

【注意事项】

(1) 设置浮动广告最终定位时要在屏幕的主要区域中。

(2) 通过设置浮动广告每次移动的百分比给出广告的移动速度。

(3) 提供浮动广告图片时要有适合的大小和清晰度。

【小技巧】

使用的图片背景最好为透明的 GIF 图像，这样可以使图片的背景颜色不能遮住后面的内容。

【常见错误】

由于浮动广告的运动轨迹编写不正确会达不到预期效果，如图片跑出窗口外、图片不动等。

19.4.4 "地震"特效

【实例 19-11】

【实例描述】

本实例通过定义 JavaScript 函数实现窗口在一段时间内来回移动的距离和次数，最终模拟窗口抖动的效果。

【实例分析】

```
＜script language = "JavaScript"＞

//这段 JS 代码意为当前页面的浏览器地震//
function shaking(n){
for(i = 10; i ＞ 0; i-- ){
for(j = n; j ＞ 0; j-- ){
window.top.moveBy(0,i);
window.top.moveBy(i,0);
window.top.moveBy(0, - i);
window.top.moveBy( - i,0);
}}
alert("很晕吧! 这不是真的,可是有许多无辜的生命已经因此而失去!!");
}
＜/script＞
＜a onclick = "shaking(10)" href = "♯"＞信不信地震是这种感受! ＜/a＞
```

【实例说明】

(1) window.top.moveBy：设置页面窗口移动的位置。

(2) href="♯"：指定超链的页面就是本页面。

【注意事项】

这段代码用在自己程序中时,要把相关代码放入页面的不同部分。

【小技巧】

通过改变 shaking 函数的参数值和语句的循环次数实现不同的地震级别。

19.5 习　　题

1. 用 JavaScript 的方法在网页中输出下列数字。

(1) 1～100,数字之间以空格间隔;

(2) 1～100 中 3 的倍数,数字之间以空格间隔;

(3) 1～100 中 3 的倍数,分多行显示,每行显示 5 个数字。

2. 编写一个验证函数,验证表单 login,使文本框 username 不能为空,密码框 pwd 和验证密码 pwd2 必须相同。验证成功提交表单 login,不成功则弹出对话框进行提示。

3. 用图片代替第 2 题中的提交按钮(submit)完成相同的功能。

第20章　WWW 服务器

学习目标

通过本章的学习,了解与网页技术相关的 WWW、IIS、Apache、FTP 的概念和作用,掌握 IIS 服务器和 Apache 服务器的安装,熟悉使用 Dreamweaver 建立远程站点的方法。

核心要点

➢ WWW 服务器的概念

➢ IIS 的概念

➢ Apache 的概念

➢ FTP 的概念

➢ IIS 的安装与使用

➢ Apache 的安装与使用

➢ 远程站点的建立

通过本机的环境和一些 Web 网页开发工具的使用,可以制作出漂亮的 Web 页面,如何将网页发布到 Internet 上,从而使世界各地的人们随时都可以访问,那就需要了解 WWW 服务器的作用和 WWW 服务器软件(IIS 和 Apache 等)。

20.1　WWW 服务器

WWW 服务器是一台或多台对外提供 WWW 服务的计算机,它是软件和硬件的集合,常用的 WWW 服务器软件有 Apache 开源组织的 Apache 和微软的 IIS。

用户通过浏览器访问 WWW 服务器上的网页,用户对 WWW 服务器发起访问请求,WWW 服务器将用户请求访问的网页发送给用户。

网页或网站设计者如果要将网页在 Internet 或 Intranet 范围内发布,必须将网页或网站相关的文件传送到 WWW 服务器上。

常用的网络传输方法是 FTP,这要求 WWW 服务器对外提供 FTP 功能,FTP 服务通常有用户名和密码,网页或网站设计者通过 FTP 上传网页,常用的 FTP 软件有 CuteFTP 和 LeapFTP 等。

20.2　IIS 服务器

IIS 是微软公司开发的 Web 服务器产品,作为当今流行的 Web 服务器之一,提供了强大的 Web 服务功能。IIS 需要运行在 Windows Server 或者 Windows XP 平台上。

本节以 Windows XP Professional 操作系统平台 IIS 5.1 版本为例,进行 IIS 的安装和使用说明。需要注意的是,安装了 IIS 的 Windows XP Professional 只可以在一台计算机上维护一个网站和一个 FTP 站点,如果要在一台计算机上设置多个网站或 FTP 站点,需要考虑升级为 Windows Server。

20.2.1 IIS 的安装

IIS 在操作系统安装过程中不是初始安装的选项,如果需要在操作系统安装完毕后安装,需要通过选择【设置】→【控制面板】→【添加和删除程序】→【添加/删除 Windows 组件】命令完成,如图 20-1 所示。

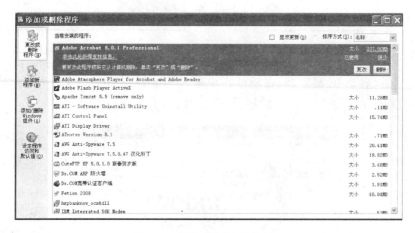

图 20-1　添加或删除程序界面

选择【添加/删除 Windows 组件】命令后弹出如图 20-2 所示的界面,在此操作界面上选中【Internet 信息服务(IIS)】组件后,单击【下一步】按钮进入安装界面。如果要在安装过程中的任何步骤返回上一界面,均可单击【上一步】按钮。如果要在安装过程中的任何步骤中断安装,均可单击【取消】按钮退出安装。

进入安装界面后安装过程开始,如图 20-3 所示。在这个安装过程中,由于需要装载系统安装盘的文件,所以在此过程中会弹出 2 次寻找安装源的界面,如图 20-4 所示,选定系统安装的源路径后继续进行安装。

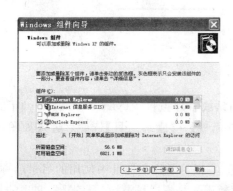

图 20-2　IIS 安装过程界面

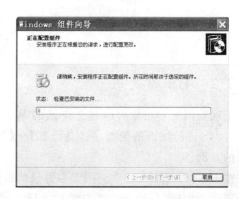

图 20-3　IIS 安装过程界面 1

系统安装完毕后，弹出安装完毕界面，如图 20-5 所示，单击【完成】按钮完成最后的安装。

图 20-4　IIS 安装过程界面 2　　　　　　　　图 20-5　IIS 安装过程界面 3

安装完毕后，启动 IE 浏览器，在地址栏中输入 http://localhost/或者 http://127.0.0.1 后，浏览器如果显示如图 20-6 所示的界面，则表明 IIS 安装成功。

图 20-6　安装测试界面

20.2.2　IIS 的使用

正确安装完毕后就可以建立自己的 Web 网站或者虚拟目录（virtual directory）了。首先通过 IIS 进行站点的配置，使用【设置】→【控制面板】→【管理工具】选项后进入如图 20-7 所示的界面。

在 IIS 服务器中，经常使用虚拟目录的概念。虚拟目录是在地址中使用的目录名称，与服务器中的实际目录一致，客户端在进行访问时使用的是虚拟目录，在服务器端实现的是虚拟目录和实际目录的映射，这样客户端就可以通过虚拟目录访问到所需的文件，所以虚拟目

图 20-7　管理工具界面

录有时也称为 URL 映射。

在如图 20-7 所示的界面双击【Internet 信息服务】进入 IIS 信息服务界面，如图 20-8 所示。

图 20-8　虚拟目录创建界面

如果想建立自己的虚拟目录，在左面的树结构的【默认网站】项上单击右键（等同于在右面的工作区内单击右键）弹出如图 20-8 所示的菜单，选择【新建】→【虚拟目录】选项，进入如图 20-9 所示的虚拟目录创建向导界面。

在如图 20-9 所示的界面中单击【下一步】按钮进入虚拟目录设置界面，首先要给虚拟目录起一个别名，如图 20-10 所示，这个名字是在访问过程中要使用的。设置完毕后单击【下一步】按钮进入如图 20-11 所示的界面。

在如图 20-11 所示的界面中单击【浏览】按钮，确定 Web 站点或者虚拟目录对应的物理位置，实现上面的别名与物理目录路径的对应，也就是通过虚拟目录访问的内容实际就是图中所示的物理位置中的内容。

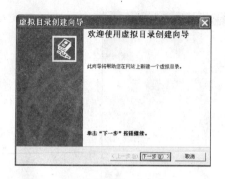

图 20-9　虚拟目录创建向导界面 1

图 20-10　虚拟目录创建向导界面 2

图 20-12 是虚拟目录的访问权限设置界面,允许的权限有五类:

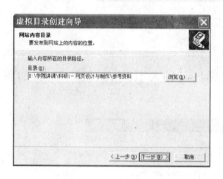

图 20-11　虚拟目录创建向导界面 3

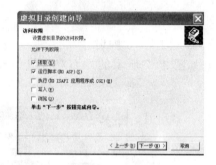

图 20-12　虚拟目录创建向导界面 4

(1) 读取:允许用户读取或下载文件、目录及其相关属性。

(2) 运行脚本和执行:可以允许对此站点或虚拟目录资源执行何种级别的程序,分为三级:

* 无:只允许访问静态文件,如 HTML 文件或图像文件。
* 纯脚本:只允许运行脚本,如 ASP 脚本。
* 脚本和可执行文件:可以访问或执行所有文件类型。

(3) 写入:允许用户将文件及其相关属性上载到服务器上已启用的目录中,更改可写文件的内容。只有使用支持 HTTP 1.1 协议标准的 PUT 功能的浏览器,才能执行写入操作。

图 20-13　虚拟目录创建向导界面 5

(4) 浏览:允许用户查看此虚拟目录中文件和子目录的超文本列表。由于虚拟目录不会出现在目录列表中,所以用户必须知道虚拟目录的别名。

设定好虚拟目录访问权限后,单击【下一步】按钮进入如图 20-13 所示的最后的设置确认界面,单击【完成】按钮完成操作。

虚拟目录设置完毕后,在左面的树结构的【默认网站】项的下一级就会出现设置好的虚拟目录,如图 20-14 所示。

使用【虚拟目录创建向导】能够完成虚拟目录的基本设置功能,更多的设置可以在相应的虚拟目录上单击右键弹出的菜单项上选择【属性】项,弹出如图 20-15 所示的属性设置界面,可以在此界面对虚拟目录的更高级属性进行设置和更改。具体的属性含义在此不再一一介绍,详细内容可参考 IIS 5.1 文档,或者通过单击窗口的帮助按钮 ,并将光标移至需要获得帮助的主题上后,系统将弹出【Internet Information Services(IIS)管理单元】的帮助文档。

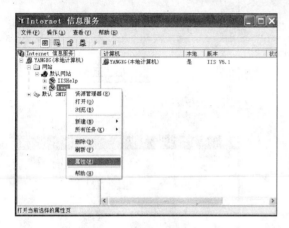

图 20-14　Internet 信息服务界面

图 20-15　虚拟目录属性设置界面

20.3　Apache 服务器

Apache 是一种开放源码的 Web 服务器,起初由 Illinois 大学 Urbana-Champaign 的国家高级计算程序中心开发,此后,它被开放源代码团体的成员不断地发展和加强。由于 Apache 服务器拥有牢靠、可信的美誉,已有超过半数的因特网站,特别是几乎所有最热门和访问量最大的网站都运行在 Apache 服务器上,从而使 Apache 成为目前最流行的 Web 服务器端软件之一。

本节以 Apache HTTP Server 2.2.3 为例对 Apache 服务器的安装和使用进行说明(Apache 安装程序可以从 http://www.apache.org 官方网站获得)。

20.3.1　Apache 的安装

运行 Apache.msi 文件,进入如图 20-16 所示的 Apache 安装界面。

在如图 20-16 所示的界面单击 Next 按钮进入如图 20-17 所示界面,如果在安装过程中的任何步骤要返回上一界面,均可单击 Back 按钮返回上一步;如果在安装过程中的任何步骤中断安装,均可单击 Cancel 按钮退出安装。

在如图 20-17 所示的界面继续安装需要选择 I accept the terms in the license agreement 选项,否则安装不能进行,然后单击 Next 按钮进入如图 20-18 所示的界面。

在如图 20-18 所示的界面继续安装,单击 Next 按钮进入如图 20-19 所示的界面。

如图 20-19 所示的界面为正确配置 Apache HTTP Server,需要配置网络域名、服务器名和管理员的邮件地址(以便服务器发生错误时能够将错误信息发送给此邮件地址),如果安装的 Apache HTTP Server 为服务器上的所有用户共享使用,建议选择 for All Users,on

282

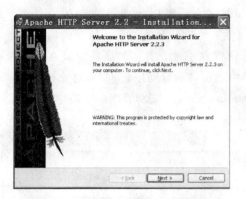

图 20-16　安装过程截图 1

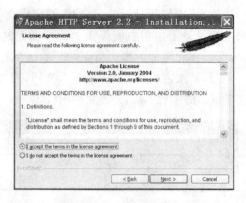

图 20-17　安装过程截图 2

图 20-18　安装过程截图 3

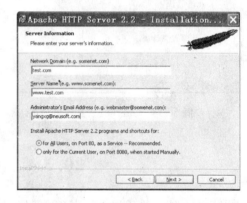

图 20-19　安装过程截图 4

Port 80,as a Service-Recommended 选项,如果仅为当前登录用户使用,选择 only for the Current User,on Port 8080,when started Manually。设置完成上述配置参数后,单击 Next 按钮继续安装,进入如图 20-20 所示的界面。

需要强调的是,管理员的邮件地址必须填写,否则在服务启动过程中会出现错误信息。

在如图 20-20 所示的界面安装过程需要选择两种安装模式的一种: 典型模式(Typical) 和定制模式(Custom),一般默认情况下选择典型模式,高级用户可以选择定制模式。安装模式选择完成后,单击 Next 按钮继续安装进入,如图 20-21 所示的界面。

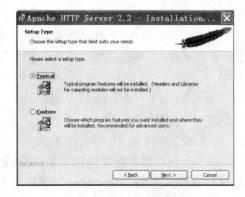

图 20-20　安装过程截图 5

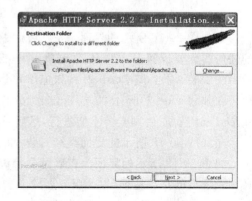

图 20-21　安装过程截图 6

在如图 20-21 所示的界面需要确定系统安装的目录,可以通过单击 Change 按钮进入如图 20-22 所示的界面来改变安装的路径。

需要注意的是,安装目录中不能有汉字和空格。

所有信息配置全部完成后,单击图 20-21 中的 Next 按钮进入如图 20-23 所示的安装确认界面。

图 20-22　安装过程截图 7

图 20-23　安装过程截图 8

单击图 20-23 中的 Install 按钮进入如图 20-24 所示的安装界面。此时系统正式开始安装,在此过程中只能取消安装,不能返回也不能跨越此步骤。

在安装过程中,系统会几次弹出 Cmd 窗口界面。如果正确安装,弹出的 Cmd 窗口界面会自动关闭,并进入如图 20-25 所示的界面,单击 Finish 按钮完成最后的安装;如果有安装过程错误,Cmd 窗口会停留一段时间,以便给用户提示错误信息。

图 20-24　运行过程截图 9

图 20-25　安装过程截图 10

安装完成后,可在浏览器地址栏输入 http://localhost 或 http://127.0.0.1,如果有相关网页(显示 It works 信息)出现,则表明安装成功。

20.3.2　在 Apache 服务器上创建网页和网站

Apache 服务器的初级使用非常简单,找到 Apache 的安装目录,将自己编写的网页复制到 Apache 安装目录的 htdocs 目录下,例如复制单个或多个 htm 文件,或者复制整个文件夹到该目录下。启动 Apache(托盘区的 Apache 图标为绿色箭头),如果没有正常启动,需要在开始菜单里 Apache 下找到 Monitor Apache Server,按 Start 按钮,将服务器启动。在浏览器输入 http://localhost/first.htm(如果复制的文件为 first.htm)或 http://localhost/myfile(如果复制的文件夹为 myfile)访问上面复制的 first.htm 或文件夹 myfile。如果能够看到相关网页,则表示访问成功。

通过 Dreamweaver 工具对 Apache 服务器进行更高级使用的内容,参考本章的第 5 节"远程站点的建立"。

最后需要说明的是,Apache 是一个 Web 服务器环境程序,启用它可以作为 Web 服务器使用,不过 Apache 只支持静态网页,ASP、PHP、CGI、JSP 等动态网页的就不能单独通过 Apache 服务器得到解释执行。如果要在 Apache 环境下运行 JSP 的话就需要一个解释器来执行 JSP 网页,而这个 JSP 解释器就是 Tomcat。Tomcat 属于轻量级的应用服务器,WebLogic 或者 Websphere 属于重量级的应用服务器。在这个环境下还可能需要 JDK 的支持,这是因为 JSP 需要运行 JavaBean 程序,而 JavaBean 程序的执行必行通过 JDK,所以要运行 JSP 的 Web 服务器平台就需要 Apache+Tomcat+JDK。

20.4 FTP 服务器

20.4.1 FTP 的基本概念

一般来说,用户联网的目的就是实现信息共享,文件传输是实现信息共享非常重要的一个内容。FTP(File Transfer Protocol,文件传输协议)的作用正如其名所示,就是让用户连接上一个远程计算机(这些计算机上运行着 FTP 服务器程序)查看远程计算机有哪些文件,然后把文件从远程计算机上拷到本地计算机,或把本地计算机的文件传送到远程计算机上去。

在 FTP 的使用当中,用户经常遇到两个概念:下载(Download)和上载或上传(Upload)。下载文件就是从远程主机复制文件至自己的计算机上;上传文件就是将文件从自己的计算机中复制至远程主机上。

以下载文件为例来说明 FTP 工作原理。当用户启动 FTP 从远程计算机复制文件时,用户事实上启动了两个程序:一个本地机上的 FTP 客户程序,它向 FTP 服务器提出复制文件的请求;另一个是启动在远程计算机上的 FTP 服务器程序,它响应用户的请求把用户指定的文件传送到用户的计算机中。FTP 采用"客户机/服务器"方式,客户端要在自己本地的计算机上安装 FTP 客户程序。FTP 客户程序有字符界面和图形界面两种,字符界面的 FTP 的命令复杂、繁多;图形界面的 FTP 客户程序,操作上要简捷方便的多,后面的介绍也主要以图形界面为主。

使用 FTP 时必须首先登录,登录用户在远程主机上获得相应的权限以后,方可上传或下载文件。也就是说,要想同哪一台计算机传送文件,就必须具有哪一台计算机的适当授权。换言之,除非有用户 ID 和密码,否则便无法传送文件。这种情况违背了 Internet 的开放性,Internet 上的 FTP 主机何止千万,不可能要求每个用户在每一台主机上都拥有账号。匿名 FTP 就是为解决这个问题而产生的。

作为一个 Internet 用户,可通过 FTP 在任何两台 Internet 主机之间复制文件。但是,实际上大多数人只有一个 Internet 账户，FTP 主要用于下载公共文件，例如共享软件、各公司技术支持文件等。Internet 上有成千上万台匿名 FTP 主机，这些主机上存放着数不清的文件，供用户免费复制。实际上，几乎所有类型的信息，所有类型的计算机程序都可以在 Internet 上找到，这是 Internet 吸引用户的重要原因之一。

20.4.2　常用 FTP 软件的使用

目前出现很多种 FTP 软件，主要的有 CuteFTP、FlashFTP、FlashFXP 等，这些软件的出现极大地方便了 FTP 用户的使用和操作，虽然它们在界面、操作上各有不同，但技术原理基本是一致的，大部分都采用了多线程、断点续传技术。下面以 CuteFTP 软件为例对 FTP 软件的使用进行一般性的介绍（这些工具的安装过程都比较简单，从略）。

在如图 20-26 所示的 CuteFTP 软件主界面，可以使用【文件】→【站点管理器】命令或者工具栏上的图标 进行站点管理。

图 20-26　CuteFTP 主界面

如图 20-27 所示，在站点管理界面，有三种方式可以建立新的站点。

（1）单击【新建】按钮建立新的站点，站点的属性通过如图 20-27 所示界面的右半部分的项目进行设置。

（2）单击【向导】按钮建立新的站点，按照提示步骤一步一步完成新站点的设置工作。

（3）单击【导入】按钮建立新的站点，它的实现方式是从一个文件导入站点的信息，系统根据这些信息自动建立一个新的站点。

单击如图 20-27 所示界面中的【编辑】按钮，弹出如图 20-28 所示的对话框，可以对建立的站点进行更详细的属性设置，这些属性中关键的属性在于取消站点的"使用 PASV 模式"，才可以正常登录。

当所有的属性设置完毕后（大部分属性使用系统默认）就可以下载或者上传文件了。选择想要连接的远程站点，单击【连接】按钮进行连接，系统此时会在图 20-26 所示主界面的日

图 20-27　站点管理界面　　　　　　　　图 20-28　站点属性编辑界面

志窗口显示系统状态信息,用户能够依此判断连接是否成功。如果连接成功,用户即可以方便地在本地窗口和远程站点窗口之间通过拖曳或者菜单功能实现文件的上传和下载了。

20.5　远程站点的建立

20.5.1　站点的创建

通过 Dreamweaver 这个集成开发环境可以方便地实现网页开发、Web 站点建立、FTP 上传下载、文件共享等功能。在 Dreamweaver 中,"站点"一词既表示 Web 站点,又表示属于 Web 站点的文档的本地存储位置。在开始构建 Web 站点之前,需要建立站点文档的本地存储位置。Dreamweaver 站点可组织与 Web 站点相关的所有文档,跟踪和维护链接,管理文件,共享文件以及将站点文件传输到 Web 服务器。

Dreamweaver 站点最多由三部分组成,具体取决于用户的计算机环境和所开发的 Web 站点的类型:

- 本地文件夹:是用户的工作目录,Dreamweaver 将此文件夹称为本地站点。本地文件夹通常是硬盘上的一个文件夹。
- 远程文件夹:是存储文件的位置,这些文件用于测试、生产、协作和发布等,具体取决于用户实际环境。Dreamweaver 将此文件夹称为远程站点。远程文件夹是运行 Web 服务器的计算机上的某个文件夹。运行 Web 服务器的计算机通常是(但不总是)使用户的站点可在 Web 上公开访问的计算机。
- 动态页文件夹:也叫"测试服务器"文件夹,是 Dreamweaver 用于处理动态页的文件夹。此文件夹与远程文件夹通常是同一文件夹。除非用户在开发 Web 应用程序,否则无须考虑此文件夹。

可以使用【站点】→【新建站点】菜单项设置 Dreamweaver 站点(等同于 Dreamweaver 主页中"创建新项目"的"Dreamweaver 站点…"),该向导会引领用户完成设置过程。或者,也可以使用"站点定义"的"高级"设置,根据需要分别设置本地文件夹、远程文件夹和测试文件夹。以下仅以"新建站点"方式对 Web 站点的建立进行说明,其他方式请参考 Dreamweaver 的帮助文档。

图 20-29　新建站点

新建站点定义过程可以分为三个阶段：

1. 编辑文件阶段

在如图 20-29 所示的界面上单击【新建站点】选项进入如图 20-30 所示的新建站点定义向导，在此界面需要设置两项信息：

- 站点的名字：这个名字是站点的逻辑名字，为文件或文件夹的逻辑集合，可以与实际存放的物理目录不一致。
- 站点的 HTTP 地址：此项一般情况下可以省略，如果想使用 FTP 或 RDS 功能，直接在 Web 服务器上进行网页操作时需要提供此项内容。

设置完成如图 20-30 所示的界面上的信息后，单击【下一步】按钮进入如图 20-31 所示的界面。在创建过程中可以在任一步通过单击【上一步】按钮返回上一步；单击【取消】按钮退出创建过程；如果在创建过程需要得到帮助，可以单击【帮助】按钮或按 F1 键。

在图 20-31 中，需要指定 Web 服务器所采用的应用技术，这里有两个选项：不使用服务器技术和使用服务器技术。如果选择【否，我不想使用服

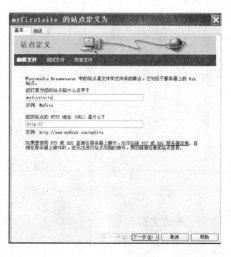

图 20-30　新建站点创建界面 1

务器技术】,表示此 Web 站点只包含静态网页,不需要应用服务器的解释执行;如果选择
【是,我想使用服务器技术】,则需要指定采用了哪种应用服务器技术,如图 20-32 所示。

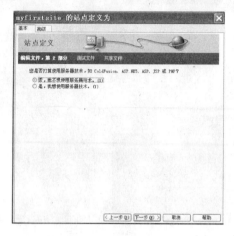

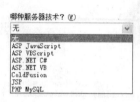

图 20-31　新建站点创建界面 2　　　　　　　　图 20-32　服务器选择界面 1

　　需要注意的是,在创建过程可以使用【高级】选项卡进行高级方式的新建站点设置,如
图 20-33 所示。设置信息分为 9 类:本地信息、远程信息、测试服务器、遮盖、设计备注、站
点地图布局、文件试图列、Contribute 和模板。这是另一种新建站点设置的方式,高级用户
可以使用此方式。

　　完成如图 20-31 所示的设置后,创建过程进入如图 20-34 所示的界面,此界面有两个选
项:【编辑我的计算机上的本地副本,完成后再上传到服务器(推荐)】和【使用本地网络直接
在服务器上进行编辑】。建议使用第一项,这样网页程序在本地能够保留副本,减少直接操
作服务器端失误造成的损害。当然,选择第一项后,就需要指定本地副本存放的位置。

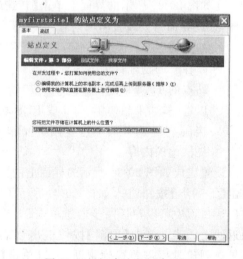

图 20-33　服务器选择界面 2　　　　　　　　图 20-34　新建站点创建界面 1

2. 测试文件阶段

　　如果在如图 20-31 所示的界面选择了【是,我想使用服务器技术】选项,创建过程会进入
测试文件阶段,否则安装过程会直接跳到共享文件阶段。

在如图 20-35 所示的界面,系统提供 4 种测试服务器的连接方式。

- FTP:使用 FTP 方式连接到测试服务器。
- 本地/网络:如果访问网络文件夹或者在本地计算机上运行测试服务器,选择此方式。
- WebDAV:Dreamweaver 可以连接到使用 WebDAV(基于 Web 的分布式创作和版本控制)的服务器,WebDAV 是一组对 HTTP 协议的扩展,允许用户以协作方式编辑和管理远程 Web 服务器上的文件。
- RDS:使用 RDS 连接到 Web 服务器。需要注意的是,使用 RDS,远端文件夹必须位于运行 ColdFusion 的计算机上。

也可以选择【我将在以后完成此设置】选项,以后可在【管理站点】菜单项下进行维护。

由于不同测试服务器的连接方式需要配置的信息不尽相同,在这里不再一一说明,详细内容请参考 Dreamweaver 的帮助文档。

完成上面的测试服务器设置后,创建过程进入如图 20-36 所示的界面,在【你使用什么 URL 来浏览站点的根目录?】框中,输入 Web 服务器中保存的网页的 URL 前缀,但不包括任何文件名。

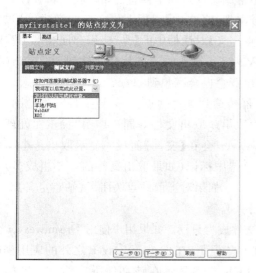

图 20-35 新建站点创建界面 2

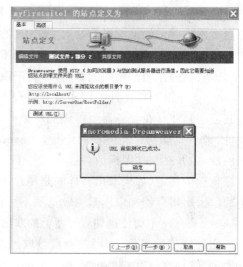

图 20-36 新建站点创建界面 3

设置完成后,可以单击【测试 URL】按钮对 URL 地址进行测试,系统会根据设置地址的正确性返回相应的信息。

3. 共享文件阶段

在共享文件阶段,首先设置的是连接到远程服务器的选项,如图 20-37 所示。在此界面,系统提供 6 种远程服务器的连接方式:

- 无:在此过程中不对远程服务器进行设置,可在以后完成。
- FTP、本地/网络、WebDAV、RDS 四个选项与上面"测试文件阶段"的测试服务器相应选项含义相同,区别是服务器的作用不同。
- SourceSafe(R)数据库:通过微软的 SourceSafe 服务器实现文件的共享。

选择完毕远程服务器类型后,单击【下一步】按钮进入如图 20-38 所示的界面,在此界面有【是,启用存回和取出】和【否,不启用存回和取出】两个选项。首先介绍一下存回和取出概念。

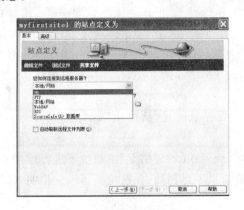 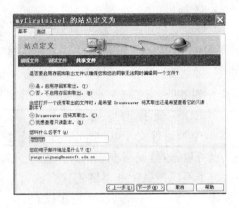

图 20-37　新建站点创建界面 4　　　　图 20-38　新建站点创建界面 5

存回文件用于将本地文件的副本传输到远端服务器,并且使该文件可供他人编辑。本地文件变为只读。存回文件使文件可供其他小组成员取出和编辑。当用户在编辑文件后将其存回时,本地版本将变为只读,一个锁形符号出现在【文件】面板上该文件的旁边,以防止用户更改该文件。如果对当前站点关闭了【站点定义】对话框中的【是,启用存回和取出】,则此选项不可用。如果对于 SourceSafe 或者 CVS 工具熟悉的读者就会联想到 check in(检入)概念,它们的作用是相同的。同样,对于取出概念也会联想到 check out(检出)概念。

取出文件用于将文件的副本从远端服务器传输到本地站点(如果该文件有本地副本,则将其覆盖),并且在服务器上将该文件标记为取出。取出文件等同于声明"我正在处理这个文件,请不要动它!"文件被取出后,Dreamweaver 会在【文件】面板中显示取出这个文件的人的姓名,并在文件图标的旁边显示一个红色选中标记(如果取出文件的是小组成员)或一个绿色选中标记(如果取出文件的是用户本人)。如果对当前站点关闭了【站点定义】对话框中的【是,启用存回和取出】,则此选项不可用。

Dreamweaver 不会使远端服务器上的取出文件成为只读。如果用户使用 Dreamweaver 之外的应用程序传输文件,则可能会覆盖取出文件。但是,在 Dreamweaver 之外的应用程序中,LCK 文件显示在该文件所在的目录结构中取出文件的旁边,以防止出现这种意外。

如果选择【是,启用存回和取出】选项,系统同时需要提供用户姓名和邮件地址信息,并指定当用户打开没有取出的文件时,Dreamweaver 系统将采取的动作,可以在【Dreamweaver 应将其取出】和【我想查看只读副本】两个选项之间进行选择。

在新建站点创建的最后一步,系统对于站点的重要信息分类进行显示,并提示可以使用【高级】选项卡对站点进行进一步配置,确认后单击【完成】按钮完成新建站点的创建。如图 20-39 所示。

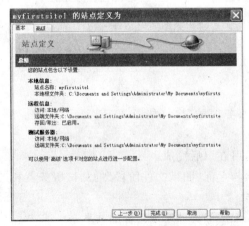

图 20-39　新建站点创建界面 6

20.5.2 站点的维护和使用

可以使用【站点】→【管理站点】命令管理 Dreamweaver 站点。

如图 20-40 所示,在管理站点维护界面可以对已经建立的站点进行编辑、复制、删除、导出操作,也可以单击【新建】按钮和【导入】按钮在本地创建新的站点,新建功能包括新建站点和新建 FTP 与 RDS 服务器两种功能,新建站点功能与上一小节——站点的创建相同。

在 Dreamweaver 系统中,可以使用以下工具选项显示或传输文件,如图 20-41 所示。

图 20-40　管理站点界面

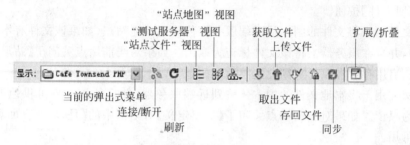

图 20-41　站点操作面板

站点文件视图在【文件】面板的窗格中显示远程和本地站点的文件结构(有一个首选参数设置确定哪一种站点出现在左窗格,哪一种站点出现在右窗格)。【站点文件】视图是【文件】面板的默认视图。

测试服务器视图显示测试服务器和本地站点的目录结构。

站点地图视图根据文档相互链接的方式显示站点的图形地图,按下此按钮可从弹出菜单中选择【仅地图】或【地图和文件】命令。

当前的弹出式菜单列出用户的 Dreamweaver 站点和用户连接到的服务器,并提供对用户的本地驱动器和桌面的访问途径。

连接/断开(FTP、RDS、WebDAV 协议和 Microsoft Visual SourceSafe)用于连接到远端站点或断开与远端站点的连接。默认情况下,如果 Dreamweaver 已空闲 30 分钟以上,则将断开与远端站点的连接(仅限 FTP)。若要更改时间限制,选择【编辑】→【首选参数】(Windows)或 Dreamweaver→【首选参数】(Macintosh),然后从左侧的类别列表中选择【站点】。

刷新用于刷新本地和远程目录列表。如果用户已取消选择【站点定义】对话框中的【自动刷新本地文件列表】或【自动刷新远程文件列表】(参见 Dreamweaver 帮助文档),则可以使用此按钮手动刷新目录列表。

获取文件用于将选定文件从远端站点复制到本地站点(如果该文件有本地副本,则将其覆盖)。如果打开了【是,启用存回和取出】,则本地副本为只读,文件仍将留在远端站点上,可供其他小组成员取出。如果关闭了【是,启用存回和取出】,则获取文件将传输具有读写权限的副本。

Dreamweaver 所复制的文件是用户在【文件】面板的活动窗格中选择的文件。如果【远程】窗格处于活动状态,则选定的远程或测试服务器文件将复制到本地站点;如果【本地】窗格处于活动状态,则 Dreamweaver 会将选定的本地文件的远程或测试服务器版本复制到本地站点。上传文件用于将选定的文件从本地站点复制到远端站点。

Dreamweaver 所复制的文件是用户在【文件】面板的活动窗格中选择的文件。如果【本地】窗格处于活动状态,则选定的本地文件将复制到远端站点或测试服务器;如果【远程】窗格处于活动状态,则 Dreamweaver 会将选定的远端服务器文件的本地版本复制到远端站点。

如果所上传的文件在远端站点上尚不存在,并且【是,启用存回和取出】已打开,则 Dreamweaver 会以【取出】状态将该文件添加到远端站点。如果要不以取出状态添加文件,则单击【存回文件】按钮。

取出文件用于将文件的副本从远端服务器传输到本地站点(如果该文件有本地副本,则将其覆盖),并且在服务器上将该文件标记为取出。如果对当前站点关闭了【站点定义】对话框中的【是,启用存回和取出】,则此选项不可用。

存回文件用于将本地文件的副本传输到远端服务器,并且使该文件可供他人编辑。本地文件变为只读。如果对当前站点关闭了【站点定义】对话框中的【是,启用存回和取出】,则此选项不可用。

同步可以同步本地和远程文件夹之间的文件。

扩展/折叠按钮可以展开或折叠【文件】面板,以显示一个或两个窗格。

20.6　习　　题

1. 安装 Apache 或 IIS,修改本地防火墙限制,使其他计算机能够访问本地的网页。
2. 在网上申请 FTP 空间,并上传自己的网站,使网站在 Internet 范围内可以被访问。

第21章　　切　　片

学习目标

本章主要介绍制作完成首页图片后,如何利用 Fireworks 中的切片工具优化图片,生成相应 HTML 页面。

核心要点

➢ 切片的概念

➢ 使用矩形切片工具

➢ 利用"优化"面板改善图片

➢ 导出 HTML 页面

➢ 在 Dreamweaver 中设置背景图片和文字

21.1　切片的概念

切片是把网页设计图或较大的图片切割成较小的、在网页中可用的图片。切片可以在 Fireworks 或 Photoshop ImageReady 中完成,并且切片后的图片可以导出为 HTML,作为页面设计的设计基础。Fireworks 和 Photoshop ImageReady 导出的 HTML 代码,只能是表格布局,如果要使用 CSS 的布局方法,需要按照前面章节介绍的过程进行网页的设计,切片只是从网页设计图中获得相关小图片。使用网页设计图的方法进行网页设计是规范的方法,网页设计图中不但包括了页面的相关图片,还包括布局各部分的宽和高、字体大小、字体颜色、背景颜色、边框粗细和颜色等很多信息,为网页设计和制作提供了有效支持。

本章以 Fireworks 中的切片过程和方法为例进行介绍。

1. 切片工具的位置

切片工具所在的位置,如图 21-1 所示。

图 21-1　切片工具所在的位置

2. 创建和编辑切片

切片将 Fireworks 文档分割成多个较小的部分并将每部分导出为单独的文件。导出时，Fireworks 还创建一个包含表格代码的 HTML 文件，以便在浏览器中重新装配图形。切片将一个文档分割成多个部分，它们都以单独文件的形式导出。

21.2 优化和导出网站的首页

【实例 21-1】

【实例描述】

下面以实际的练习来讲解这部分的知识，图 21-2 是所有步骤完成后的效果页面。

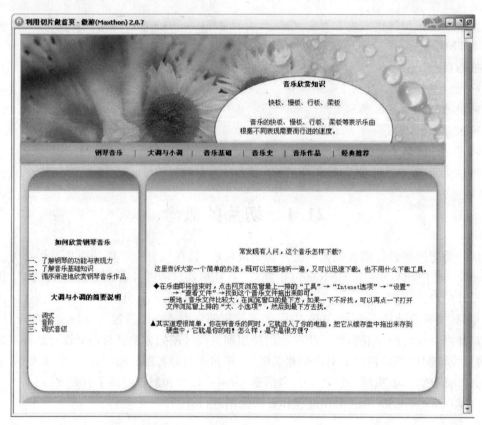

图 21-2 由切片制成的网页

【实例分析】

具体制作步骤如下。

（1）完成首页图片的制作工作后，在 Fireworks 中把图片打开。

（2）选择【视图】窗口的标尺工具，把鼠标移到标尺区域，按下鼠标左键，可以向图像区域拖曳绿色的辅助线。使用这种方法，可以给图片添加若干条辅助线，以便后面对图片准确进行切割，如图 21-3 所示。

（3）单击左侧工具箱中的矩形切片工具，沿着辅助线把图片切成一个个的矩形区域，则每个切片上都覆盖上了一层绿色，注意把超链接的部分、将来要写字的部分都做成切片，方便以后在 Dreamweaver 中编辑时，把这些图片作为背景图片，如图 21-4 所示。

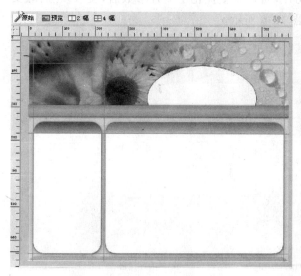
图 21-3　打开首页图片,加入辅助线

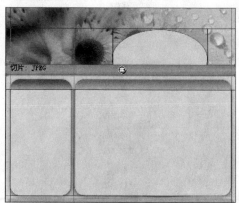
图 21-4　制作切片

(4) 选择【文件】→【图像预览】命令,在选项栏中选择:格式为 JPEG 品质为 100,然后单击【确定】按钮,这样所有的图片都被设置为品质 100 的 JPEG 格式,完成了图片的优化,如图 21-5 所示。

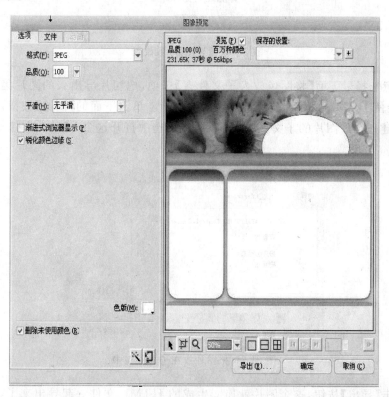
图 21-5　设置图片参数

（5）把首页需要的部分都制作成了切片，而且调整优化了图片参数后，就可以选择【文件】→【导出】命令，打开【导出】对话框，如图 21-6 所示。

图 21-6　【导出】参数设置

（6）注意选择最下面【将图像放入子文件夹】选项，把切片导出来的图片集中放置在子文件夹里，会使 HTML 页面和图片存放结构更清晰。单击下面的【浏览】按钮，在弹出来的对话框中新建一个放图片的子文件夹 images，然后选中打开这个 images 文件夹，如图 21-7 所示。

图 21-7　把图片放在子文件夹中

（7）单击【导出】按钮，这个图片就连同生成的 HTML 文件一起导出来了，查看结果如图 21-8、图 21-9 所示。

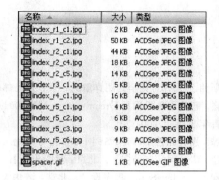

图 21-8　图片和页面的相对位置　　　　　　　　图 21-9　图片的位置

（8）在 Dreamweaver 中建立站点，把切片导入站点中，即插入 Fireworks HTML，形成一个完整的 HTML 页面。这时把页面打开，将需要编辑地方的图片删掉，设置为背景图片，就可以随心所欲地编辑了，如图 21-2 所示。

【实例说明】

在利用切片制作网页的过程中，有许多值得注意的地方，具体如下：

（1）画网站效果图时要考虑网站设计效果和切片过程。

（2）GIF 动画和 Flash 部分去掉，这些需要单独设计，不出现在设计图中。

（3）注意切片时最好一竖到底，对齐。对于重复的图片要切一细条，单独另存。

（4）导出为图片和 HTML，注意包括切片，即步骤（6）～步骤（7）。

（5）将作为背景的图片删掉，重新设为背景图片；切成细条的图片要改用细条平铺作背景。

21.3　习　　题

找一个已有的网页设计图，在 Fireworks 中进行切片，并完成该网页。

参 考 文 献

1. 黄斯伟. HTML 完全使用详解. 北京：人民邮电出版社,2006
2. 胡崧. 超梦幻劲爆网页 Dreamweaver MX 2004 Flash MX 2004 Fireworks MX 2004 完美结合. 北京：中国青年出版社,2004
3. 李烨. 别具光芒 DIV+CSS 网页布局与美化. 北京：人民邮电出版社,2006
4. 李超. CSS 网站布局实录. 北京：科学出版社,2006
5. 贾素玲等. JavaScript 程序设计. 北京：清华大学出版社,2007

读者意见反馈

亲爱的读者：

感谢您一直以来对清华版计算机教材的支持和爱护。为了今后为您提供更优秀的教材，请您抽出宝贵的时间来填写下面的意见反馈表，以便我们更好地对本教材做进一步改进。同时如果您在使用本教材的过程中遇到了什么问题，或者有什么好的建议，也请您来信告诉我们。

地址：北京市海淀区双清路学研大厦 A 座 602 室　计算机与信息分社营销室　收

邮编：100084　　　　　　　　　　　电子邮件：jsjjc@tup. tsinghua. edu. cn

电话：010-62770175-4608/4409　　　邮购电话：010-62786544

教材名称：网页设计与制作实例教程

ISBN 978-7-302-18563-5

个人资料

姓名：_____　　年龄：_____所在院校/专业：_____

文化程度：_____　通信地址：_____

联系电话：_____　电子信箱：_____

您使用本书是作为： □指定教材 □选用教材 □辅导教材 □自学教材

您对本书封面设计的满意度：

□很满意 □满意 □一般 □不满意　改进建议_____

您对本书印刷质量的满意度：

□很满意 □满意 □一般 □不满意　改进建议_____

您对本书的总体满意度：

从语言质量角度看　□很满意 □满意 □一般 □不满意

从科技含量角度看　□很满意 □满意 □一般 □不满意

本书最令您满意的是：

□指导明确 □内容充实 □讲解详尽 □实例丰富

您认为本书在哪些地方应进行修改？（可附页）

_____

_____

您希望本书在哪些方面进行改进？（可附页）

_____

_____

电子教案支持

敬爱的教师：

为了配合本课程的教学需要，本教材配有配套的电子教案(素材)，有需求的教师可以与我们联系，我们将向使用本教材进行教学的教师免费赠送电子教案(素材)，希望有助于教学活动的开展。相关信息请拨打电话 010-62776969 或发送电子邮件至 jsjjc@tup. tsinghua. edu. cn 咨询，也可以到清华大学出版社主页(http://www. tup. com. cn 或 http://www. tup. tsinghua. edu. cn)上查询。

21 世纪普通高校计算机公共课程规划教材
系列书目